中华人生智慧经典

幽梦影

[清] 张潮 撰
尤君若 评注

中华书局

图书在版编目(CIP)数据

幽梦影/(清)张潮撰;尤君若评注.—北京:中华书局,2014.8(2021.8 重印)

(中华人生智慧经典)

ISBN 978-7-101-10209-3

Ⅰ.幽… Ⅱ.①张…②尤… Ⅲ.①人生哲学-中国-清代②《幽梦影》-注释　Ⅳ.B825

中国版本图书馆 CIP 数据核字(2014)第 122277 号

书　　名	幽梦影
撰　　者	〔清〕张　潮
评 注 者	尤君若
丛 书 名	中华人生智慧经典
责任编辑	宋凤娣
出版发行	中华书局
	(北京市丰台区太平桥西里 38 号　100073)
	http://www.zhbc.com.cn
	E-mail:zhbc@zhbc.com.cn
印　　刷	北京市白帆印务有限公司
版　　次	2014 年 8 月北京第 1 版
	2021 年 8 月北京第 5 次印刷
规　　格	开本/710×900 毫米　1/16
	印张 22¾　插页 2　字数 170 千字
印　　数	19001-23000 册
国际书号	ISBN 978-7-101-10209-3
定　　价	46.00 元

目 录

前　言 ………… 001	第一四则 ………… 046
序　一 ………… 001	第一五则 ………… 047
序　二 ………… 007	第一六则 ………… 049
序　三 ………… 009	第一七则 ………… 050
	第一八则 ………… 051
第一则 ………… 014	第一九则 ………… 054
第二则 ………… 015	第二〇则 ………… 055
第三则 ………… 017	第二一则 ………… 057
第四则 ………… 020	第二二则 ………… 059
第五则 ………… 028	第二三则 ………… 061
第六则 ………… 030	第二四则 ………… 062
第七则 ………… 032	第二五则 ………… 064
第八则 ………… 035	第二六则 ………… 065
第九则 ………… 037	第二七则 ………… 067
第一〇则 ………… 040	第二八则 ………… 069
第一一则 ………… 042	第二九则 ………… 070
第一二则 ………… 043	第三〇则 ………… 072
第一三则 ………… 044	第三一则 ………… 074

第三二则	075
第三三则	076
第三四则	078
第三五则	079
第三六则	080
第三七则	082
第三八则	084
第三九则	085
第四〇则	086
第四一则	087
第四二则	089
第四三则	090
第四四则	091
第四五则	092
第四六则	094
第四七则	095
第四八则	096
第四九则	098
第五〇则	100
第五一则	101
第五二则	102
第五三则	103
第五四则	104
第五五则	107
第五六则	108
第五七则	110
第五八则	111
第五九则	113
第六〇则	114
第六一则	115
第六二则	117
第六三则	119
第六四则	120
第六五则	122
第六六则	122
第六七则	124
第六八则	124
第六九则	126
第七〇则	127
第七一则	128
第七二则	130
第七三则	131
第七四则	133
第七五则	135
第七六则	136
第七七则	139
第七八则	141
第七九则	143
第八〇则	144
第八一则	146

第八二则	147		第一〇七则	183
第八三则	148		第一〇八则	184
第八四则	150		第一〇九则	188
第八五则	151		第一一〇则	190
第八六则	152		第一一一则	191
第八七则	154		第一一二则	193
第八八则	155		第一一三则	193
第八九则	156		第一一四则	194
第九〇则	157		第一一五则	196
第九一则	159		第一一六则	198
第九二则	160		第一一七则	199
第九三则	161		第一一八则	200
第九四则	162		第一一九则	201
第九五则	163		第一二〇则	203
第九六则	165		第一二一则	205
第九七则	167		第一二二则	206
第九八则	168		第一二三则	207
第九九则	172		第一二四则	208
第一〇〇则	174		第一二五则	210
第一〇一则	175		第一二六则	210
第一〇二则	176		第一二七则	211
第一〇三则	178		第一二八则	214
第一〇四则	179		第一二九则	216
第一〇五则	180		第一三〇则	218
第一〇六则	181		第一三一则	219

第一三二则 …… 220	第一五七则 …… 256
第一三三则 …… 220	第一五八则 …… 257
第一三四则 …… 221	第一五九则 …… 258
第一三五则 …… 223	第一六〇则 …… 259
第一三六则 …… 224	第一六一则 …… 260
第一三七则 …… 226	第一六二则 …… 262
第一三八则 …… 227	第一六三则 …… 263
第一三九则 …… 229	第一六四则 …… 265
第一四〇则 …… 230	第一六五则 …… 266
第一四一则 …… 231	第一六六则 …… 267
第一四二则 …… 235	第一六七则 …… 268
第一四三则 …… 237	第一六八则 …… 270
第一四四则 …… 238	第一六九则 …… 271
第一四五则 …… 239	第一七〇则 …… 273
第一四六则 …… 241	第一七一则 …… 274
第一四七则 …… 242	第一七二则 …… 277
第一四八则 …… 243	第一七三则 …… 278
第一四九则 …… 245	第一七四则 …… 279
第一五〇则 …… 246	第一七五则 …… 281
第一五一则 …… 247	第一七六则 …… 281
第一五二则 …… 248	第一七七则 …… 283
第一五三则 …… 250	第一七八则 …… 284
第一五四则 …… 251	第一七九则 …… 285
第一五五则 …… 252	第一八〇则 …… 287
第一五六则 …… 254	第一八一则 …… 289

第一八二则	290	第二〇三则	321
第一八三则	292	第二〇四则	322
第一八四则	292	第二〇五则	323
第一八五则	294	第二〇六则	325
第一八六则	295	第二〇七则	326
第一八七则	297	第二〇八则	327
第一八八则	297	第二〇九则	328
第一八九则	298	第二一〇则	329
第一九〇则	300	第二一一则	330
第一九一则	301	第二一二则	331
第一九二则	302	第二一三则	333
第一九三则	303	第二一四则	334
第一九四则	305	第二一五则	335
第一九五则	308	第二一六则	336
第一九六则	309	第二一七则	337
第一九七则	311	第二一八则	338
第一九八则	313	第二一九则	339
第一九九则	314		
第二〇〇则	315	跋 一	343
第二〇一则	317	跋 二	345
第二〇二则	319	跋 三	347

前　言

张潮,字山来,号心斋,又号三在道人,安徽歙县人,生于清顺治七年(1650)。其父张习孔历官刑部郎中,外放山东督学佥事,诰授奉政大夫。张习孔晚年侨居扬州,建诒清堂从事藏书、著述、刻书活动。他一生潜心理学,著有《诒清堂文集》、《周易辨志》、《檀弓问》、《云谷卧余》、《七劝口号》、《家训》、《系辞字训》、《使蜀纪事》等。

张潮出生后,张习孔于顺治乙丑(1649)登进士第,此后家境渐佳,因此张潮从小生活优渥。他虽然自幼多病,但天资聪颖,"幼颖异绝伦,好读书,博通经史百家言"。张潮深受父亲的影响,一直以父亲的教导和期望为准则。张习孔的《家训》中说:"吾家训之首,惟望汝曹以孝弟礼义。先敦乎此,则大本既立,天必佑之……孝有大小,有偏全,扬名显亲上也。"张潮从小致力于科举,十三岁开始学习八股文。十四岁初试不第。十五岁受业于温陵孙清溪门下,补诸生。然而,随着年岁增长,科场连败,张潮始终也没能取得功名,只做过翰林孔目这样的从九品小官。从康熙三年(1664)到康熙十四年(1675),整整十二年间,张潮历尽坎坷艰辛。追忆这一段经历,他在《八股诗自序》中感慨:"嗟乎!遥记自乙卯溯于甲辰,积十有二载,星次为之一周,时物于兹迭变,人生几何,谁堪屡误?又况此十二年苦辛坎坷,境遇多违,壮志雄心,销磨殆尽。自是而后,安能复低头占毕以就绳墨之为文哉?"

康熙十三年（1674），张潮遭遇家难，他的《因树屋书影》批语中说："予少时获睹书影，甲寅之变，书皆不存。"科场困顿，又经此变故，此时的张潮开始转向著书、编书、刻书的道路。然而，放弃科举，也就意味着无法通过做官来实现扬名显亲的理想，张潮只好以文名来自我宽慰。如其在《幽梦影》中所言："文名可以当科第，俭德可以当货财，清闲可以当寿考。"（第一二〇则）

张潮继承了父亲在扬州的诒清堂之后，以著述与刻书为主，变家刻为坊刻，从此成为清初徽州府籍最大的坊刻家之一。他不仅致力于编书、刻书，自己也撰写了许多诗文、词曲、杂文等作品。与此同时，他还结交了冒辟疆、余怀、吴肃公、魏溪、彭士望、宋曹、徐芳、卓尔堪等一大批颇有文名的朋友，共同从事文学创作与编刻事业。

这一时期的张潮生活无忧，座上客多，"著作等身，名走四海"，以至于"虽黔滇粤蜀僻处荒徼之地，皆知江南有心斋居士矣。……四方士至者，必留饮酒赋诗，经年累月无倦色"。这种专务交游的生活，为张潮带来了名声，刺激了他的文学创作，但也为他将来的经济与生计带来了隐忧。《幽梦影》第一四五则说："不治生产，其后必致累人；专务交游，其后必致累己。"可见其晚年对此也颇有感触。

张潮受晚明文学家影响，看重人生的"真"与"趣"，重性情，求趣味，爱美人，好奇书，喜山水、乐园林，追求恣意潇洒的生活状态。他的《杂兴》鲜明地表达了自己的愿望与追求："有酒须进文人喉，酒气拂拂十指流。有花须插佳人头，云英雾鬓欢绸缪。有兴须同高士游，雄谈往复堪相酬。有剑须挂烈士鞲，不平肯为人间留。"

当然，张潮也并不是一个只关心风花雪月的人，长期以来的儒家教育使他也非常关心民间疾苦，写过许多感时伤事之作。康熙二十四年(1685),由于钦定治河方略不当,再加上连日大雨,造成洪水泛滥,百姓伤亡损失颇重。张潮便写了《苦雨行》,以表达自己的同情和愤慨。当时的人评论这首诗说:"乙丑夏秋,雨淫堤溃,民之死亡者过半。山来此歌字字描写的确,觉楮墨之间,犹有余哀。"这种对民生多艰的怜惜和对社会不公的控诉在《幽梦影》中也有所体现,如第六〇则:"天下器玩之类,其制日工,其价日贱,毋惑乎民之贫也。"其中的沉郁不平之气,虽山水烟霞不能掩盖。

张潮的命运以康熙三十八年(1699)为转折点,这一年,五十岁的他因政治原因被告发入狱,致使先人所留剩余无几。对此,他在康熙三十九年(1700)作的《虞初新志·总跋》中有所记述:"予不幸,于己卯岁,误堕坑阱中,而肺附中山,不以其困也而贳之,犹时时相嗢噱,既无有有道丈人相助举手,又不获遇存隐娘辈一泣愬之。惟暂学羼提波罗蜜,俟之身后而已。因附记于此,俾世之读我书者,兼有以知我之境遇而悯之。世不乏有心人,然非予之所敢望也。"这一次打击,不仅令张潮悲愤愁苦,也使他的生活陷入了窘迫困境。他在写给孔尚任的信中说:"弟自前岁误堕坑阱中,先人所遗尽为乌有,因自号为'三在道人'。仅存田宅与此身,余者俱不可复问。"(《尺牍偶存》卷七《寄孔东塘》)在《复沈契掌》信中,他又详细解释了"三在"的含义:"若弟百无一有,近年自号三在,其一,田尚在,不须买米;其二,屋尚在,不须僦住;其三,此身尚在,未就木也。"虽然看上去态度豁达,但其中悲愤可想而知。

张潮自幼多病,晚年境况堪忧,身体越来越差,但生活中令人烦恼的事情却并未减少。对于这些,他在写给友人的信中多有提及,如:"及腊月中旬拙妻卧病……然数日之内,连遭二丧,惨可知矣。弟既已破家艰窘,万状不意,冬月又有无妄之灾,书室中为强暴女流所蹂躏,詈骂污秽,不堪听闻,幸官长廉明,不波及于弟。"(《尺牍偶存》卷十一《复王丹麓》)

种种难堪和不如意,渐渐成了张潮晚年生活的底色。但即便在这样窘迫的情况下,他还是坚持不懈,先后编成了《檀几丛书》余集、《昭代丛书》乙集和丙集,以及《虞初新志》二十卷。这种穷愁艰难的处境,在《幽梦影》中也偶尔闪现,露出一线影子,如:"惠施多方,其书五车;虞卿以穷愁著书。今皆不传,不知书中果作何语?我不见古人,安得不恨!"(第一一四则)《昭代丛书》丙集刊刻完成之后,他原本还有丁集之想,只可惜身体和境况都已无法支持。康熙四十六年(1707),《奚囊寸锦》刻成。此后,就再无关于张潮的记述了。

张潮的一生都献给了刻书和著述,他所辑刻的书约有十三种,其中最著名的是《虞初新志》、《檀几丛书》和《昭代丛书》等,自著书约有二十九种,最著名的是《幽梦影》。在谈及刻书之事时,他说:"种种拙选只为扬芳,匪图射利。"又说:"我一人读之而乐,则天下之人读之而乐,从可知矣。天下之人读书而乐,则千万世之人读之而乐,亦可知矣。夫至天下与千万世人皆读之而乐,则著书者之心与聚书者之心不咸大慰乎哉!"

明清之际是清言小品发展的高峰时期。这类作品一般语言简洁,多以论断为主,内容包罗万象,既有立身处世的格言、个人对事物的品评、对生活情趣的描述,也有对生命与自然的思考,也被称为隽语、法语、清记、清话、语录等。这一时期涌现出了许多作品,比较出名的是屠隆的《娑罗馆清言》、陈继儒的《小窗幽记》、洪应明的《菜根谭》、陆绍珩的《醉古堂剑扫》和吕坤的《呻吟语》。《幽梦影》继承前人余韵,引领清代李渔、袁枚等人的创作,可以说是承前启后的桥梁。

周作人曾称赞《幽梦影》说:"既是那样的旧,又是那样的新。"这"新"是张潮刻意求新、求奇的结果。他以自己对生活的领悟,从一种新奇的角度写出了人类共通的领悟和审美体验。

从内容上来说,《幽梦影》一书中不仅有琴棋书画、山水园林、读书交游、谈禅论道、插画赏月、对美人、饮美酒等文人爱好,更有作者对人生、处世的所思与所得,也有对日常生活的体会和观察。张潮认为:"情必近于痴而始真,才必兼乎趣而始化。"(第六七则)表现在写作上,他善于截选生活的片段,以一种"标本"式的展示来分享给读者,生活中的琐碎寻常之事,通过他的描写,就从简朴中显现出趣味,于平凡中照见高雅。如:"凡声皆宜远听,惟听琴则远近皆宜。"(第五二则)"宜于耳复宜于目者,弹琴也,吹箫也;宜于耳不宜于目者,吹笙也,管也。"(第一〇六则)另外,个人的坎坷经历,也使得张潮对世情与人心理解得更为深入,书中多有此类新的理解。如:"立品须发乎宋人之道学,涉世须参以晋代之风流。"(第一五五则)"观手中便面,足以知其人之雅俗,足以识其人之交游。"(第一七四则)这些内容,既有"情之幽微"的体现,也有"理之乍显"的表露。从中既可以看出作者学问之渊博、趣味之高雅,也可以观察到他的个人情怀与追求。

从艺术性上来看,《幽梦影》中最典型的便是对审美感受的描绘。张潮对生活有着敏锐的观察能力和感受能力,善于调动不同感官体验来描述一件事情。如写声音对记忆的影响,他就说:"闻鹅声如在白门,闻橹声如在三吴,闻滩声如在浙江,闻骡马项下铃铎声,如在长安道上。"(第四一则)通过典型环境下的声音,勾起人们对环境的联想。林语堂先生评价说:"大自然有的是声音、颜色、形状、情趣和氛围;人类以感觉的艺术家的资格,开始选择大自然的适当情趣,使它们和自己协调起来。这是中国一切诗或散文的作家的态度,可是我觉得这方面的最佳表现乃是张潮在《幽梦影》一书里的警句。"

《幽梦影》并非一时一地之作,而是由作者把平日里的所得随笔写下,陆续交给朋友传阅评点,最后收集而成。张潮在给孔尚任的信中曾说:"拙著《幽梦影》,今年亦欲付梓……今一面付梓,留木以待,补评尚可增入耳。"(《尺牍偶存》)由此信的写作时间,可以猜测本书约在康熙三十六年(1697)第一次付梓。

《幽梦影》全书共有219则,点评579则。这些点评或是对原文内容的申发,或是评者自己观点的表达,风格轻松诙谐,颇有现代"论坛"气象,如点评中不乏后评者对先评者观点的附和或反驳。习惯了SNS与论坛跟帖的读者,读此当有会心之处。这种在原文中夹杂评语的方式,创造了新的评点模式,在当时就获得了成功。正如杨复吉在为《幽梦影》写的跋中所说:"令读者如入真长座中,与诸客周旋,聆其馨欬,不禁色舞眉飞,洵翰墨中奇观也。"张潮在选取《幽梦影》评语时曾说:"其辞须不过誉,即与鄙意相反或者嬉笑怒骂皆无不可也。"(《尺牍偶存》卷五《与朱赞皇》)这一标准,使得一些不赞同张潮的评语也都保留了下来。如江含徵在评论第一五六则时就说:"心斋不喜迂腐,此却有腐气。"由此,我们也可以看出张潮的心胸与气度。

《幽梦影》之后,颇有一些效仿之作,如清代朱锡绶的《幽梦续影》和近人郑逸梅的《幽梦新影》,但不论是其思想内容还是艺术成就,均无法超越原作。

《幽梦影》的传世版本有一卷本和二卷本之分。一卷本为道光世楷堂《昭代丛书》本、沈宗畸《晨风阁丛书》第一集本、襟霞阁主人辑

《国学珍本文库》本。二卷本有国家图书馆藏西谛本、民国有正书局排印本、国学扶轮社辑《古今说部丛书》本、葛元照辑《啸园丛书》本、冯兆年辑《翠琅玕馆丛书》本、保粹堂辑《艺术丛书》本、黄肇新辑《芋园丛书》子部本等。

　　本书以通行的道光世楷堂刊《昭代丛书》本为底本，参考了近年出现的数种整理本。对原文中的错讹之处，一般直接改动，个别需要说明的问题，则在注释中加以说明。为方便读者理解，本书按原文分则排序，每一则都有相应的注释、译文和点评。本书的每则注释对所涉及的人物都给予了基本介绍，但重复出现的人物，则只在首次出现时详注，之后再遇，一般只出简注。译文以直译为主，全书结合对原文的理解加以点评。

　　由于注者学力疏浅，本书定然存在不少错误和不足之处，恳请读者朋友不吝指正。

尤君若
于 2014 年暮春

序 一

余穷经读史之余,好览稗官小说①,自唐以来不下数百种。不但可以备考遗志②,亦可以增长意识。如游名山大川者,必探断崖绝壑③;玩乔松古柏者,必采秀草幽花,使耳目一新,襟情怡宕④。此非头巾褦襶、章句腐儒之所知也⑤。故余于咏诗撰文之暇,笔录古轶事、今新闻,自少至老,杂著数十种。如《说史》、《说诗》、《党鉴》、《盈鉴》、《东山谈苑》、《汗青余语》、《砚林》、《不妄语述》、《茶史补》、《四莲花斋杂录》、《曼翁漫录》、《禅林漫录》、《读史浮白集》、《古今书字辨讹》、《秋雪丛谈》、《金陵野钞》之类。虽未雕板问世⑥,而友人借抄,几遍东南诸郡,直可傲子云而睨君山矣⑦。

【注释】

① 稗(bài)官小说:即野史小说,街谈巷议之言。

② 备考:全面考察。遗志:前人遗留下的标记、记录。

③ 断崖绝壑:陡峭的山崖和深谷,指人迹罕至的险境。

④ 襟情:襟怀,情怀。怡宕:轻松洒脱。

⑤ 褦襶(nài dài):愚蠢不通。章句腐儒:只懂得剖章析句的迂腐读书人。

⑥ 雕板:在木板上雕刻图文,作为印刷的底版。

⑦ 子云:即扬雄,字子云,蜀郡成都(今属四川)人。西汉文学家、哲学家、语言学家。汉成帝时为给事黄门郎。王莽称帝后,任

太中大夫。早年以辞赋闻名。晚年研究哲学,仿《论语》和《易经》作《法言》和《太玄》。另有研究语言学的《方言》和吹捧王莽的《剧秦美新》等。君山:即桓谭,字君山,东汉时期的思想家。这两个人都被认为是博学多识的人。

【译文】

我在遍读经籍史书之余,喜欢阅读野史小说,自唐朝以来的小说读了不下几百种。读小说不但可以全面考察前人留下的记录,也可以增长见识。这就好像游览名山大川,必定要探寻陡峭的山崖和深谷;赏玩高挺的松树与柏树,必定要探寻秀美幽远的花草,使眼前耳目一新,情怀轻松愉悦。这些都不是愚蠢不通、只懂得寻章摘句的迂腐文人所能了解的。所以我在吟诗写文章之余,用笔记录了古今轶事、新闻,由年轻时到老年,杂著有数十种。如《说史》、《说诗》、《党鉴》、《盈鉴》、《东山谈苑》、《汗青余语》、《砚林》、《不妄语述》、《茶史补》、《四莲花斋杂录》、《曼翁漫录》、《禅林漫录》、《读史浮白集》、《古今书字辨讹》、《秋雪丛谈》、《金陵野钞》之类。虽然没有印刷面世,然而友人互相借阅抄录,几乎遍于东南各郡,简直可以傲视扬雄与桓谭了。

天都张仲子心斋①,家积缥缃②,胸罗星宿③,笔花缭绕④,墨沈淋漓⑤。其所著述,与余旗鼓相当,争奇斗富,如孙伯符与太史子义相遇于神亭⑥,又如石崇、王恺击碎珊瑚时也⑦。其《幽梦影》一书,尤多格言妙论,言人之所不能言,道人之所未经道。展味低徊,似餐帝浆沉瀣⑧,听钧天广乐⑨,不知此身之在下方尘世矣。至如"律己宜带秋气,处世宜带春气"、"婢可以当奴,奴不可以当婢"、"无损于世谓之善人,有害于世谓之恶人"、"寻乐境乃学仙,避苦境乃学佛",超超玄箸⑩,绝胜支、许清谈⑪。人当镂心铭腑⑫,岂止佩韦书绅而已哉⑬!

鬘持老人余怀广霞制⑭

【注释】

① 天都张仲子心斋:即张潮,心斋是他的字,天都是安徽黄山的峰名,因张潮家在安徽歙县,距黄山不远,此处用天都代指其家乡。

② 缥(piǎo)缃:指书籍。缥,淡青色。缃,浅黄色。古时多以淡青、浅黄色丝帛作为书囊、书衣,故用以代指书籍。

③ 胸罗星宿:比喻胸中罗列着广博的知识,怀有卓绝的才华,具有高超的预见智能。

④ 笔花:比喻才思俊逸,文笔优美。

⑤ 墨沈(shěn):墨迹。

⑥ 孙伯符与太史子义相遇于神亭:指的是孙策与太史慈在神亭相遇,奋勇搏斗,彼此不分高下之事。孙伯符,即孙策,东汉吴郡富春人,字伯符。孙坚子。太史子义,即太史慈,三国吴东莱黄县人,字子义。善射,弦不虚发。汉末避祸辽东。北海相孔融奇之。后融为黄巾所困,慈突围,说刘备以援兵解围。东汉献帝兴平二年(195),太史慈到曲阿拜访扬州刺史刘繇,刘派他出城侦察,他在神亭与孙策遭遇,彼此较量一场。后归孙策,拜折冲中郎将,孙权委以南方之事。神亭,在今江苏金坛北。

⑦石崇：西晋渤海南皮人，字季伦，小名齐奴。年二十余为修武令，迁城阳太守。以伐吴功，封安阳乡侯。晋惠帝元康初，出为南中郎将、荆州刺史。以劫掠远使商客致富，于河阳置金谷别馆。拜卫尉，谀事贾谧，为二十四友之一。性奢靡，尝与贵戚王恺斗富，晋武帝虽助恺，每不敌。贾谧被诛，以党与免官。时赵王司马伦专权，崇有妓绿珠，中书令孙秀求之不与，秀怒而劝赵王伦矫诏杀崇，全家被害。王恺：西晋东海郯人，字君夫。司马昭妻弟。少有才力而无检行。惠帝永平初以讨杨骏功，封山都县公。累官龙骧将军、后军将军。性豪侈，尝与石崇斗富。后又与崇将为鸩毒之事，有司论重罪，诏特原之。以外戚故，行事无所顾忌。卒谥丑。

⑧帝浆沆瀣（hàng xiè）：指仙人所饮用的露水，比喻其文章美妙超群。沆瀣，夜间的水气，露水。古人认为是仙人所饮。

⑨钧天广乐：天上的音乐，亦喻其文章超凡脱俗。

⑩超超玄箸：指言论、文辞高妙明切。超超，形容高超。玄，微妙。箸，明显。语出南朝宋刘义庆《世说新语·言语》："我与王安丰说延陵、子房，亦超超玄箸。"

⑪绝胜支、许清谈：远远超过东晋名士支道林和许询的清谈。支、许，指的是东晋时期的支道林和许询，这两个人在当时都以善谈玄言著称，他们的言行在《世说新语》中多有记载。支道林，即支遁，字道林，东晋僧人。世称"林公"、"支公"。俗姓关。少任心独往，尝于余杭山沉思道行。年二十五出家。游京师，为当时名士所激赏。后隐剡，与王羲之、谢安等游。晋哀帝曾请其赴京都建康讲《道行般若经》。善草隶，好作诗。

又好养鹰马,自云"爱其神骏"。善谈玄理,注《庄子·逍遥游》,有见解。著《即色游玄论》,主张"即色是空",创般若学即色义。今有辑本《支遁集》。许询,东晋高阳人,字玄度。寓居会稽,好黄老,尚虚谈,善属文,作玄言诗与孙绰齐名,征辟不就,与谢安、支遁游处。隐永兴西山,后舍宅为寺。晋简文帝称其五言诗妙绝时人。有《许询集》,已佚。

⑫ 镂心铭腑:形容铭记于心,永志不忘。

⑬ 佩韦:熟牛皮质地柔韧,性急者佩其以警戒自己不可鲁莽。出自《韩非子·观行》:"西门豹之性急,故佩韦以自缓;董安于之性缓,故佩弦以自急。"用在此处,指的是牢记不忘,与下文"书绅"意思相同。书绅:把要牢记的话写在绅带上,后亦指牢记他人的话。语出《论语·卫灵公》:"子张书诸绅。"邢昺疏:"绅,大带也。子张以孔子之言书之绅带,意其佩服无忽忘也。"绅,古代士大夫束腰的大带子。

⑭ 余怀:明末清初福建莆田人,字淡心、无怀,号曼翁、鬘持老人。居南京。作《板桥杂记》,述秦淮妓女事。诗清而丽,有《味外轩稿》、《东山谈苑》。

【译文】

黄山人张仲子心斋,家里富有藏书,胸中知识广博、富于才华,文笔优美,墨迹淋漓。他所著述的书和我不相上下,彼此争奇斗富,就像孙策与太史慈在神亭相遇的情景,又如同石崇击碎王恺的珊瑚树时那样。他的《幽梦影》一书,有非常多格言妙论,说出了别人所不能说的道理,讲出了别人从来没有讲过的内容。仔细品味这本书,好像是在啜饮仙人的饮料,听着天上的音乐,令人忘了自身还处在下方尘世中。

至于像"约束自己时应该带有秋天的严厉之气,对待别人时应该带有春天的宽厚之气"、"婢女可以代替奴仆做粗活,奴仆不可以代替婢女干细活"、"对世界没有损害的就叫做善人,对世界有损害的人就是恶人"、"想要寻求乐土,就学道家神仙术;想要躲避生的苦闷,就学习佛法",言辞高妙,远胜过晋代支道林、许询的清谈。人们应当铭刻于内心,永志不忘,何止是牢记而已呢!

鬘持老人余怀广霞制

序 二

　　心斋著书满家，皆含经咀史①，自出机杼②，卓然可传。是编是其一脔片羽③，然三才之理、万物之情、古今人事之变④，皆在是矣。顾题之以"梦"且"影"云者，吾闻海外有国焉，夜长而昼短，以昼之所为为幻，以梦之所遇为真。又闻人有恶其影而欲逃之者。然则梦也者，乃其所以为觉；影也者，乃其所以为形也耶？廋辞谲语⑤，言无罪而闻足戒，是则心斋所为尽心焉者也。读是编也，其亦可以闻破梦之钟，而就阴以息影也夫⑥！

　　江东同学弟孙致弥题⑦

【注释】

① 含经咀史：指欣赏、体味经籍史书的精华。

② 自出机杼：比喻作文章能创造出一种新的风格和体裁。杼，本指织机上的梭子。出自《魏书·祖莹传》："文章须自出机杼，成一家风骨，何能共人同生活也。"

③ 一脔(luán)：指一块。《淮南子·说林训》："尝一脔肉而知一镬(huò)之味。"片羽：传说中神马吉光的小片毛，喻指残存的少量珍贵品。

④ 三才：指天、地、人。《周易·说卦》："是以立天之道曰阴与阳，立地之道曰柔与刚，立人之道曰仁与义。兼三才而两之，故《易》六画而成卦。"

⑤ 廋(sōu)辞：即隐其含义于言辞之中。廋，是隐藏、藏匿的意思。

谲(yǐn)语：指不直说本意而借别的词语来暗示的话，类似今之谜语。

⑥ 就阴以息影：靠近阴暗之处以使影子停止。语本《庄子·渔父》："不知处阴以休影，处静以息迹，愚亦甚矣！"

⑦ 孙致弥：字恺似，号松坪、杕(dì)左堂等，嘉定人。康熙初年召试称旨，康熙二十七年（1688）中进士，改翰林院庶吉士，官至侍读学士。著有《杕左堂集》《杕左堂续集》《杕左堂词》等。

【译文】

　　心斋写的书堆满家中，都是体味经籍史书的精华后，自出机杼写出的，卓越不凡，足以流传后世。这本书只是其众多著作中的一角，然而三才的义理、万物生发之情、古往今来的人事变迁，都在其中。看书名用"梦"与"影"，我听说海外有一个国家，那里夜晚时间长，白昼时间短，那里的人把白天的所作所为都认为是虚幻的，把梦中所经历的当成是真实的。又听说有人因厌恶自己的影子而想要摆脱它。然而"梦"，正是其所以能够觉知；"影"，也正是事物所以为形吧？这些隐约含糊的说辞，说的人没有罪过，但是听到的人却足以警戒，这就是心斋所为之尽心尽力的。读这本书，也可以从中听到惊破梦境的钟声，可以靠近阴暗之处使影子停歇！

　　江东同学弟孙致弥题

序 三

张心斋先生家自黄山,才奔陆海①。柟榴赋就②,锦月投怀;芍药词成,繁花作馔。苏子瞻十三楼外③,景物犹然;杜牧之廿四桥头④,流风仍在。静能见性⑤,洵哉人我不间⑥,而喜嗔不形⑦;弱仅胜衣,或者清虚日来,而滓秽日去⑧。怜才惜玉,心是灵犀;绣腹锦胸,身同丹凤。花间选句,尽来珠玉之音;月下题词,已满珊瑚之笥⑨。岂如兰台作赋⑩,仅别东西;漆园著书,徒分内外而已哉⑪!

【注释】

① 才奔陆海:像陆机一般富于才华。陆海,南朝梁钟嵘对晋代文学家陆机有"陆才如海"之赞语,后因以"陆海"比喻富于文才。

② 柟(nán)榴赋:即《柟榴枕赋》,作者是三国时期的张纮。事见《三国志·吴书·张纮传》:"(张)纮见柟榴枕,爱其文,为作赋。陈琳在北见之,以示人曰:'此吾乡里张子纲所作也。'"

③ 苏子瞻:即苏轼,字子瞻,号东坡居士,北宋著名文学家。十三楼:宋代杭州名胜,亦称"十三间楼",苏轼在杭州时,常在此处理事务,于诗词中也多有提及。苏轼有《南歌子·游赏》词:"山与歌眉敛,波同醉眼流。游人都上十三楼,不羡竹西歌吹古扬州。"

④ 杜牧之:即唐代诗人杜牧,字牧之,曾在扬州做官,写过许多与扬州有关的诗。廿四桥:扬州著名景观。

⑤ 见性:佛教语。指悟彻清净的佛性。
⑥ 洵哉:诚然,确实。人我:佛教语。是人相和我相并称的略语。不间:没有分别。
⑦ 喜嗔不形:高兴和生气的情绪都不显露。嗔,怒,生气。
⑧ 清虚日来,而滓秽日去:清静淡泊一天天地增加,而渣滓污秽一天天地远离。出自《世说新语·言语》:"吾无所忧,直是清虚日来,滓秽日去耳。"
⑨ 笥(sì):竹制的匣子。
⑩ 兰台:指汉代文学家班固,他曾经出任兰台令史,所以被称为班兰台。赋:指《两都赋》,分《西都赋》和《东都赋》两篇,两都指的是东汉西都长安和东都洛阳。
⑪ 漆园著书,徒分内外:庄子著书立说,只是分内、外篇。漆园,即庄子,他曾经做过漆园吏。内外,指《庄子》的"内篇"和"外篇",实际上《庄子》还包括"杂篇","内外"之说并不确切。

【译文】

张心斋先生家在黄山,像西晋的陆机那样富有才华。写就了像《梣榴枕赋》那样的文章,如同皎洁的月亮投影于怀中;吟咏芍药的华美词章写就,繁花当作饮食。苏轼诗中写过的十三楼,景物仍然如旧;杜牧吟咏过的二十四桥桥头,流传下的风气仍然还在。静中能够顿悟佛性,确实是我与他人没有分别,高兴和生气的情绪都不显露;尽管虚弱到仅能承受衣物的重量,但清静淡泊一天天地增加,而渣滓污秽一天天地远离。因怜惜才华而爱护有加,心如一点即通的灵犀;胸中文章如锦绣,身如丹凤般卓尔不群。如同花间选出的佳句,都发出如宝石轻击般的清响;月下写就的诗文,已经装满珊瑚装饰的匣子。岂止是像班固写《两都赋》一样，仅仅是分成《东都赋》、《西都赋》；也不像庄子写作《庄子》一书，只是分内篇、外篇而已！

然而繁文艳语，止才子余能；而卓识奇思，诚词人本色。若夫舒性情而为著述，缘阅历以作篇章，清如梵室之钟①，令人猛省；响若尼山之铎②，别有深思。则《幽梦影》一书，余诚不能已于手舞足蹈、心旷神怡也！其云"益人谓善，害物谓恶"，咸仿佛乎外王内圣之言。又谓"律己宜秋，处世宜春"，亦陶熔乎诚意正心之旨。他如片花寸草，均有会心；遥水近山，不遗玄想。息机物外，古人之糟粕不论；信手拈时，造化之精微入悟。湖山乘兴，尽可投囊③；风月维潭，兼供挥麈④。金绳觉路，宏开入梦之毫；宝筏迷津⑤，直渡广长之舌⑥。以风流为道学，寓教化于诙谐。为色为空，知犹有这个在⑦；如梦如影，且应作如是观⑧。

　　湖上晦村学人石庞序⑨

【注释】

① 梵室：佛殿。
② 尼山：孔子的出生地，在今山东曲阜，此处代指孔子。铎：以木为舌的大铃，铜质。古代宣布政教法令时，巡行振鸣以引起众人注意。
③ 投囊：投入囊中，指的是将一时所感收集起来。
④ 挥麈(zhǔ)：指清谈。
⑤ "金绳觉路"以下三句：金绳觉路、宝筏迷津，出自唐代诗人李白的《春日归山寄孟浩然》："金绳开觉路，宝筏渡迷川。"金绳、

宝筏都是佛教语,比喻引导众生渡过苦海到达彼岸的佛法。

⑥广长之舌:为诸佛与转轮圣王三十二相之第二十七相,即广长舌相。诸佛与转轮圣王之舌广长而柔软细薄,能覆至发际,乃"语必真实"与"辩说无穷"之表征。

⑦犹有这个在:佛教公案,出自《景德传灯录》,法融引导双峰道信禅师前往他的禅修处,途中遇虎。道信故意显出害怕的样子,法融说:"犹有这个在。"后来道信在法融打坐的石头上写了个"佛"字,法融不敢坐。道信说:"犹有这个在。"指仍有分别心,不曾悟道。

⑧且应作如是观:泛指对某一事物作如此的看法。出自《金刚经》:"一切有为法,如梦幻泡影,如露亦如电,应作如是观。"

⑨石庞:清安徽太湖人,字天外,号晦村学人、天外生等。性聪明,诗文纤巧。著有《因缘梦》传奇、《天外谈》、《悟语》等。

【译文】

然而繁复的文辞和华美的语句,只是才子微不足道的技能;卓越的见识和奇特的思想,才是文人的本色。至于舒展性情灵气来著书,根据自己的阅历来写作,写出的文章就如同寺庙中的钟声一般清越,能令人猛然醒悟;像孔子的木铎一般高响,别有一番深切思虑。那么《幽梦影》这一本书,我确实不能停止手舞足蹈、心旷神怡!书中说"对世界没有损害的就是善人,对世界有损害的就是恶人",好像是儒家外王内圣的言论。又说"约束自己时应该带有秋天的严厉之气,对待别人时应该带有春天的宽厚之气",也是融入了《大学》中正心诚意的宗旨。其他如一草一木,都有会心之处;远远近近山水,不遗漏玄妙的想法。息灭机心超脱于尘世之外,古人的废弃无用之说也就不会论及;

信手写出之时,感悟到了大自然的精微认识。湖光山色,乘兴而游,心得尽可以投入囊中;风月维潭,也可供挥麈清谈。就好像是用金绳开辟道路,打开入梦之笔;宝筏载人渡过迷津,文辞如佛现饶广长舌像。以文采风流来讲儒家学问,将道德教化寓于诙谐之中。以色相为虚空,是仍旧存有分别心;人生如梦幻如泡影,一切都应该这么看。

  湖上晦村学人石庞序

第一则

读经宜冬①,其神专也;读史宜夏②,其时久也;读诸子宜秋③,其致别也④;读诸集宜春⑤,其机畅也⑥。

曹秋岳曰⑦:可想见其南面百城时⑧。

庞笔奴曰⑨:读《幽梦影》,则春夏秋冬,无时不宜。

【注释】

① 经:指传统图书分类中的经部著作,即儒家传统经典。

② 史:指史部著作,包括各类历史著作和部分地理著作。

③ 诸子:指先秦至汉初的各派著作。

④ 致:情趣,兴致。

⑤ 集:指集部著作,即诗词歌赋等文学作品的总集或别集。

⑥ 机:生机。畅:茂盛。

⑦ 曹秋岳:即曹溶,字洁躬,有秋岳、倦圃等二十多个别号,浙江秀水人。明崇祯十年(1637)进士,官御史。入清后,历任户部右侍郎、广东布政使、山西阳和道。晚年筑室于范蠡湖,自号锄菜翁。著有《崇祯五十宰相传》、《静惕堂诗集》等。

⑧ 南面百城:古代以坐北朝南为尊位,谓居王侯之高位而拥有广大的土地,用来形容统治者的尊贵富有。《魏书·李谧》:"丈夫拥书万卷,何假南面百城?"后也以此比喻藏书众多。

⑨ 庞笔奴:即庞天池,生平不详。

【译文】

读经书适宜在冬天,因为精神能够专注集中;读史书适宜在夏天,夏天日长,时间充裕;读诸子著作适宜在秋天,因为思维情致能够清晰而有条理;读诗词文集适宜在春天,因为春天生机盎然,可以更好地领悟诗文的内蕴。

曹秋岳说:由此可以推想作者坐拥书城时的情景。

庞笔奴说:读《幽梦影》,则春夏秋冬没有什么时候不适宜。

【点评】

四季轮转对古代生活的影响远比现在要大,古人对季候的变化也格外敏感。不同的季节带给人不同的感受,影响人的感受和行为。四时光景不同,读书却各有所宜。冬天寒冷萧索,出行艰难,却也可免去应酬往来烦恼,人的精神专注,正适宜沉潜涵泳,研读端正严肃的儒家经典。夏天白日漫长,天气炎热,难免睡思昏沉,此时正适宜阅读卷帙浩繁又波澜跌宕的史籍。秋爽宜人,读纵横捭阖各有面貌的诸子著作,最宜此时。春林花娇,枝条载荣,携酒读诗,闲饮东窗之下,文学著作也要此时才能读出动人的意味来。

第二则

经传宜独坐读①,史鉴宜与友共读②。

孙恺似曰③:深得此中真趣,固难为不知者道。

王景州曰④:如无好友,即红友亦可⑤。

【注释】

① 经传：儒家典籍经与传的统称。传，阐释经文的著作。
② 史鉴：泛称史籍。史，指《史记》。鉴，指《资治通鉴》。这两本书分别是我国古代纪传体史书和编年体史书的代表著作，故用二者来作为史籍的代称。
③ 孙恺似：即孙致弥，字恺似。
④ 王景州：名仲儒，字景州，有《西斋集》《离朱集》等。
⑤ 红友：酒的别称。出自宋人罗大经《鹤林玉露》卷八："常州宜兴县黄土村，东坡南迁北归，尝与单秀才步田至其地。地主携酒来饷曰：'此红友也。'"

【译文】

读儒家经典及其注释之作，适宜一个人独自阅读，读历史著作适宜与好友共同阅读。

孙恺似说：深得读书的真正旨趣，不懂的人是说不出的。

王景州说：如果没有好友，有酒也可以。

【点评】

除了自然风貌，人文环境也会影响阅读，明窗净几，一人独坐，无往来扰攘，无杂事劳神，经传典籍当然正宜。读史书，辨兴衰，谈往来，却要有人对谈才能有趣。人不宜多，博洽有见识者最佳。又或者痛饮酒，酒后读史，酣畅处痛饮狂歌，又是另一番风致。传统文人注重"雅"，不光读书，佳辰、良景、好友，以及一点相投之趣，都是雅致生活的一部分。

第三则

　　无善无恶是圣人。如帝力何有于我①；杀之而不怨,利之而不庸②；以直报怨,以德报德③；一介不与,一介不取之类④。善多恶少是贤者。如颜子不贰过⑤,有不善未尝不知⑥；子路人告有过则喜之类⑦。善少恶多是庸人。有恶无善是小人。其偶为善处,亦必有所为。有善无恶是仙佛。其所谓善,亦非吾儒之所谓善也。

　　黄九烟曰⑧：今人一介不与者甚多,普天之下,皆半边圣人也。利之不庸者,亦复不少。

　　江含徵曰⑨：先恶后善,是回头人；先善后恶,是两截人。

　　殷日戒曰⑩：貌善而心恶者,是奸人,亦当分别。

　　冒青若曰⑪：昔人云："善可为而不可为。"唐解元诗云⑫："善亦懒为何况恶⑬。"当于有无多少中更进一层。

【注释】

① 帝力何有于我：帝王的权力跟我有什么关系呢？出自《击壤歌》,据《帝王世纪》记载："帝尧之世,天下大和,百姓无事。有八九十老人,击壤而歌。"所歌即："日出而作,日入而息。凿井而饮,耕田而食。帝力于我何有哉？"

② 杀之而不怨,利之而不庸：圣王的百姓被杀而不怨恨谁,获得利益而不报答谁。出自《孟子·尽心上》："杀之而不怨,利之而不庸,民日迁善而不知为之者。"

③ 以直报怨,以德报德：以正直的态度来回报怨恨,以恩德来回

报恩德。出自《论语·宪问》:"或曰:'以德报怨,何如?'子曰:'何以报德?以直报怨,以德报德。'"

④ 一介不与,一介不取:一点儿小东西也不随便与人,一点儿小东西也不随便拿。形容廉洁、守法,不是自己应该得到的一点儿都不要。一介,一粒芥菜子,形容微小。出自《孟子·万章上》:"其非义也,非其道也,一介不以与人,一介不以取诸人。"

⑤ 颜子不贰过:颜回不犯已经犯过的错误。贰过,指已犯过的错误。语出《论语·雍也》:"颜回者,好学,不迁怒,不贰过。"

⑥ 有不善未尝不知:对于过错没有不知道的。出自《周易·系辞下》:"颜氏之子,其殆庶几乎?有不善未尝不知,知之未尝复行也。"

⑦ 子路人告有过则喜:子路听到别人告诉他自己的过错就很高兴。语出《孟子·公孙丑上》:"子路,人告之以有过,则喜。"

⑧ 黄九烟:即黄周星,明末清初江南上元人,早年育于湘潭周氏,冒姓周,字景虞,号九烟。明崇祯十三年(1640)进士,授户部主事。明亡不仕,自称黄人,字略似,号半非,别号圃庵、汰沃主人、笑苍道人。寄寓南浔马家巷。工诗文、书画、篆刻。康熙十九年(1680)端午节,在南浔投水自杀。著有《刍狗斋集》、《梦史》、《圃庵诗集》、《百家姓编》、《人天乐传奇》等。

⑨ 江含徵:即江之兰,字含徵,号文房、香雪斋等。清安徽歙县人。著有《医津筏》、《内经释要》、《文房约》等。

⑩ 殷日戒：即殷曙，字日戒，号竹溪。安徽歙县人，著有《竹溪杂述》等。

⑪ 冒青若：即冒丹书，字青若，号卯君。江苏如皋人，冒襄次子。明贡生，官同知。性孝，尝以身救父。著有《枕烟堂集》、《西堂集》等。

⑫ 唐解元：即唐寅，字伯虎，一字子畏，号六如居士、桃花庵主等。明苏州府吴县人，从周臣学画。弘治十一年（1498）举人第一。会试时，牵涉科场舞弊案，下诏狱，谪为吏，耻不就。游名山大川，以卖画为生，山水、人物、花鸟，无所不精。宁王朱宸濠厚礼聘之，寅察其有异志，佯狂而归。筑室桃花坞，与客日游宴其中。与沈周、文徵明、仇英合称明四家。诗文亦工。有《画谱》、《六如居士集》。

⑬ 善亦懒为何况恶：善事都懒得做，何况是恶行？语出唐寅《吾趋唐寅自述不惑之齿于桃花庵画并书》："鱼羹稻衲好终身，弹指流年到四旬。善亦懒为何况恶，富非所望不忧贫。僧房一局金藤着，野店三杯石冻春。自恨不才还自庆，半生无事太平人。"后改为"田衣稻衲拟终身，弹指流年了四旬。善亦懒为何况恶，富非所望不忧贫。僧房一局金藤着，野店三杯石冻春。如此福缘消不尽，半生落魄太平人。"

【译文】

没有善行也没有恶行是圣人。比如帝王的权力跟我有什么关系呢；被杀而不怨恨谁，获得利益而不报答谁；以正直的态度来回报怨恨，以恩德来回报恩德；如果不合道义，一点儿小东西也不随便与人，一点儿小东西也不随便拿之类。善行多恶行少就是贤人。比如颜回不犯已经犯过的错误，对于自己的过错没有不知道的；子路听到别人指出他的过错就很高兴之类。善行少恶行多的是庸人。只有恶行没有善行的是小人。他偶然做的好事，也必然怀有某种目的。只有善行、没有恶行的是仙佛。他们的善，也不是我们儒家所说的善。

黄九烟说：现在一点儿东西也不随便给的人很多，整个天下都是半边儿的圣人。获得利益而不报答别人的人，也有很多。

江含徵说：先行恶事后做善事，是改过自新的回头人；先行善事后做恶事的人，是前后不一的人。

殷日戒说：外表善良而内心邪恶的人，是奸诈之人，也应当有所分别。

冒青若说：古人说："善可为而不可为。"唐解元的诗里说："善行都懒得做，何况是恶行。"应当比文中的善恶有无多少更进了一层。

【点评】

作者从儒学思想出发，提出了自己对于善恶的理解，认为无善无恶、独善其身是为人的最高境界，并且通过比较表现了儒家、道家、佛教善恶观的不同。

第四则

天下有一人知己，可以不恨①。不独人也，物亦有之。如菊以渊明为知己②，梅以和靖为知己③，竹以子猷为知己④，莲以濂溪为知己⑤，桃以避秦人为知己⑥，杏以董奉为知己⑦，石以米颠为知己⑧，荔枝以太真为知己⑨，茶以卢仝、陆羽为知己⑩，香草以灵均为知己⑪,莼鲈以季鹰为知己⑫,蕉以怀素为知己⑬,瓜以邵平为知己⑭,鸡以处宗为知己⑮,鹅以右军为知己⑯,鼓以祢衡为知己⑰,琵琶以明妃为知己⑱。一与之订⑲,千秋不移。若松之于秦始⑳,鹤之于卫懿㉑,正可谓不可与作缘者也㉒。

查二瞻曰㉓:此非松鹤有求于秦始、卫懿,不幸为其所近,欲避之而不能耳。

殷日戒曰:二君究非知松鹤者,然亦无损其为松鹤。

周星远曰㉔:鹤于卫懿,犹当感思。至吕政五大夫之爵㉕,直是唐突十八公耳㉖。

王名友曰㉗:松遇封,鹤乘轩,还是知己。世间尚有劚松煮鹤者㉘,此又秦卫之罪人也。

张竹坡曰㉙:人中无知己,而下求于物,是物幸而人不幸矣;物不遇知己,而滥用于人,是人快而物不快矣。可见知己之难。知其难,方能知其乐。

【注释】

① 恨:遗憾。

② 渊明:陶渊明,名潜,或名渊明,字元亮。唐人避唐高祖讳,称陶深明或陶泉明。自号五柳先生,私谥靖节先生。东晋浔阳柴桑人,曾任江州祭酒、镇军参军、建威参军及彭泽县令等职,后"不为五斗米折腰",辞官归家。陶渊明写过许多与菊花有关的诗,如《饮酒》中的"采菊东篱下,悠然见南山"。

③ 和靖:宋代诗人林逋,字君复,后人称为和靖先生,钱塘人。他隐居于西湖孤山,终身不仕,未娶妻,与梅花、仙鹤做伴,称为

"梅妻鹤子"。

④ 子猷(yóu)：王徽之，字子猷，东晋名士、书法家，王羲之第五子。曾历任车骑参军、大司马、黄门侍郎，但生性高傲，放诞不羁，后辞官退居山阴。王徽之以爱竹闻名，据《晋书·王徽之传》记载："(徽之)尝寄居空宅中，便令种竹。或问其故，徽之但啸咏指竹曰：'何可一日无此君邪！'"

⑤ 濂溪：即周敦颐，原名敦实，字茂叔，号濂溪，道州人，人称濂溪先生。北宋理学家，宋明理学创始人。他曾经写过《爱莲说》，表达对莲花的喜爱。

⑥ 避秦人：指为避秦时战乱而遁世的人，他们隐居于桃花源。典出陶渊明的《桃花源记》："自云先世避秦时乱，率妻子邑人，来此绝境，不复出焉。"

⑦ 董奉：字君异，侯官县人。东汉末年及三国时代名医，与华佗、张仲景齐名。传说董奉隐居庐山，为人治病，无须馈礼，不取一文钱，只要求病患者栽种杏树。年复一年，杏树不计其数，郁然成林。后因以"杏林"代指良医。

⑧ 米颠：即北宋书画家米芾，他初名黻，字元章，时人号襄阳漫士、海岳外史，自号鹿门居士。北宋著名书法家、书画理论家，画家，鉴定家、收藏家。米芾祖籍太原，后定居润州。召为书画学博士，擢礼部员外郎。因其衣着行为以及迷恋书画珍石的态度皆被当世视为癫狂，故又有"米颠"之称。据《宋史·米芾传》记载：宋徽宗大观年间，"无为州治有巨石，状奇丑，芾见大喜曰：'此足以当吾拜'，具衣冠拜之，呼之为兄。"元倪镇有《题米南宫拜石图》诗："元章爱砚复爱石，探瑰抉奇久为癖。

石兄足拜自写图,乃知颠名传不虚。"

⑨ 太真:唐玄宗宠妃杨玉环,据《新唐书》的记载,开元二十八年(740)十月,以为玄宗母亲窦太后祈福的名义,敕书杨氏出家为女道士,道号"太真"。她喜食荔枝,玄宗每令人自岭南运送。杜牧《过华清宫绝句》中有:"一骑红尘妃子笑,无人知是荔枝来。"

⑩ 卢仝(tóng):唐朝诗人,自号玉川子,河南济源人,卢照邻之后。其诗风奇诡险怪,人称"卢仝体",有《玉川子诗集》传世。他好饮茶,有《走笔谢孟谏议寄新茶》一诗,人称"玉川茶歌"。其中最出名的是他对饮茶后状态的描述:"一碗喉吻润,两碗破孤闷。三碗搜枯肠,唯有文字五千卷。四碗发轻汗,平生不平事,尽向毛孔散。五碗肌骨清,六碗通仙灵。七碗吃不得也,唯觉两腋习习清风生。"陆羽:字鸿渐,唐朝复州竟陵人。一名疾,字季疵,号竟陵子、桑苎翁、东冈子,又号茶山御史。著有《茶经》,被誉为茶圣。《新唐书·陆羽传》记:"羽嗜茶,著经三篇,言茶之原、之法、之具尤备,天下益知饮茶矣。"

⑪ 灵均:即战国时期屈原,他曾在《离骚》中自云:"名余曰正则兮,字余曰灵均。"

⑫ 莼(chún)鲈:本指莼菜羹和鲈鱼脍,此处指莼菜和鲈鱼。季鹰:张翰,字季鹰,吴郡吴县人,西晋文学家。齐王司马冏执政时期,征召张翰为大司马东曹掾。永宁二年(302),张翰一日见秋风起,思念故乡的莼菜羹、鲈鱼脍,说:"人生贵得适志,何能羁宦数千里,以要名爵乎?"因此作歌:"秋风起兮佳

景时,吴江水兮鲈正肥。三千里兮家未归,恨难得兮仰天悲。"于是弃官还乡。成语"鲈脍莼羹"和"莼鲈之思"即由此而来。

⑬ 怀素:唐书法家,字藏真,长沙人,另一说零陵人,俗姓钱。他精勤学书,以善狂草出名。相传他年轻的时候家里贫穷,买不起纸,于是便广植芭蕉,以蕉叶代纸练字,并把自己居住的地方叫"绿天庵"。

⑭ 邵平:也作"召平",秦国的东陵侯,秦亡后为平民百姓,在长安东郊种瓜为生,据说他种的瓜味道极美,被当时人称为"东陵瓜"。《史记·萧相国世家》:"召平者,故秦东陵侯。秦破,为布衣,贫,种瓜于长安城东,瓜美,故世俗谓之'东陵瓜',从召平以为名也。"

⑮ 处宗:晋人,年里生平无考。南朝宋刘义庆的《幽明录》中曾记载了与他有关的一则故事。"晋兖州刺史沛国宋处宗尝买得一长鸣鸡,爱养甚至,恒笼著窗间。鸡遂作人语,与处宗谈论,极有言智,终日不辍。处宗因此言巧大进。"后人因以"鸡窗"来指书斋。

⑯ 右军:即王羲之,字逸少,原籍琅邪,后迁居山阴,东晋书法家,有"书圣"之称,后官拜右军将军,人称"王右军"。王羲之爱鹅成癖,传说是因为他从观察鹅游水时鹅掌的动作中,学习书法的用腕技巧。山阴有一个道士,希望王羲之能为他抄写《黄庭经》,但是又不敢贸然提出。于是便精心饲养白鹅,以此相赠,并提出写经的请求。王羲之答应抄写《黄庭经》送给他。后来这部《黄庭经》被称作右军正书第二,又被

称作《换鹅帖》。李白有诗谈及此："镜湖流水漾清波,狂客归舟逸兴多。山阴道士如相见,应写黄庭换白鹅。"(《送贺宾客归越》)

⑰ 祢衡:字正平,东汉末平原郡人,为人恃才傲物,和孔融交好。《后汉书·祢衡传》:少有才辩,而尚气刚傲,好矫时慢物。唯善鲁国孔融及弘农杨修。融亦深爱其才,数称述于曹操。操欲见之,而衡素相轻疾,自称狂病,不肯往,而数有恣言。操怀忿,而以其才名,不欲杀之。闻衡善击鼓,乃召为鼓史,因大会宾客,阅试音节。诸史过者,皆令脱其故衣,更着岑牟、单绞之服。次至衡,衡方为《渔阳》参挝,容态有异,声节悲壮,听者莫不慷慨。衡进至操前而止,吏诃之,于是先解衵衣,次释余服,裸身而立,徐取岑牟、单绞而着之,毕,复参挝而去,颜色不怍。操笑曰:本欲辱衡,衡反辱孤。

⑱ 明妃:即王昭君,名嫱,字昭君,汉元帝时期宫女,西汉南郡秭归人。因不肯贿赂画工毛延寿而遭丑化。竟宁元年(前33),匈奴呼韩邪单于来朝请求和亲,昭君自愿请求嫁于匈奴。晋朝时为避司马昭讳,又称她"明妃"。

⑲ 一与之订:一旦与其结为知己。订,订交。

⑳ 松之于秦始:秦始皇二十八年(前219)封禅泰山,途中遇风雨,于是躲避在松树下,因为此树护驾有功,于是按秦官爵封为五大夫。事见《史记·秦始皇本纪》。后人因此称松为"五大夫"。

㉑ 鹤之于卫懿(yì):卫懿公是春秋时期卫国国君,他好养鹤,宫苑中不仅养鹤众多,还令鹤享受大臣待遇,甚至还让鹤乘轩

㉑ 车,引发了百姓的强烈不满。后北方游牧民族狄人来攻,都城被攻破,士兵皆不肯出战,卫懿公因此被杀。《左传·闵公二年》记载:"卫懿公好鹤,鹤有乘轩者。将战,国人受甲者皆曰:'使鹤!鹤实有禄位,余焉能战?'"

㉒ 不可与作缘:不应该和他们发生瓜葛。作缘,指发生瓜葛、联系,结缘。出自《世说新语·方正》:"刘真长、王仲祖共行,日旰未食,有相识小人贻其餐,肴案甚盛,真长辞焉。仲祖曰:'聊以充虚,何苦辞?'真长曰:'小人都不可与作缘。'"

㉓ 查二瞻:指查士标,明末清初江南休宁人,字二瞻,号梅壑。久寓扬州。明诸生,后弃举子业,多藏鼎彝古器及宋元名迹。他专精书画,书法似董其昌,山水画有盛名。为人疏懒罕接宾客,意在逃世。有《种书堂遗稿》。

㉔ 周星远:不详。

㉕ 吕政:指秦始皇嬴政。传言他为吕不韦所生,称之为吕政,含有轻蔑之意。明代叶宪祖《易水寒》第二折:"自家燕太子丹是也。只因出质秦邦,受辱吕政;常怀报复,未得豪雄。"

㉖ 十八公:指松树,因为松字可拆为十、八、公三个字,所以以此来代指松树。

㉗ 王名友:不详。

㉘ 劚(zhǔ)松煮鹤:砍倒松树,煮食仙鹤,比喻糟蹋美好的事物。劚,砍。

㉙ 张竹坡:指的是张道深,字自德,号竹坡,祖籍浙江绍兴,明代中叶迁居彭城。曾经评点《金瓶梅词话》,后在扬州与张潮相识,并拜为叔侄。

【译文】

世上能有一个知己就不必遗憾。不仅人是这样,物也是如此。譬如菊花把陶渊明当做知己,梅把林逋当做知己,竹子把王徽之当做知己,莲花把周敦颐当做知己,桃花把世外避秦人当做知己,杏把董奉当做知己,奇石把米芾当做知己,荔枝把杨贵妃当做知己,茶把卢仝、陆羽当做知己,香草把屈原当做知己,莼、鲈把张翰当做知己,芭蕉把怀素当做知己,瓜把邵平当做知己,鸡把宋处宗当做知己,鹅把王羲之当做知己,鼓把祢衡当做知己,琵琶把王昭君当做知己。彼此一旦订交,千秋万代不会变移。像松与秦始皇、鹤与卫懿公,则正如古人所言,是不应该与他们结缘的。

查二瞻说:这不是松和鹤有求于秦始皇、卫懿公,是不幸被他们所接近,想要逃避却不能罢了。

殷日戒说:这两个人终究不是松鹤的知己,然而也并不损害它们之所以是松鹤。

周星远说:鹤对于卫懿公,仍然应当感激思念。至于吕政以五大夫的爵位相封,真是唐突松树了。

王名友说:松树被封爵,白鹤得乘轩车,尚且还算是知己。世上还有砍倒松树、煮食仙鹤的人,这又是秦始皇和卫懿公的罪人了。

张竹坡说:人类中没有知己,而向下求之于物,这是物类幸运而人不幸;物遇不到知己,却被人类滥用,这是人类快意而物不快意。由此可见知己的难得。知道知己的难得,才能懂得知己相交的快乐。

【点评】

人与物相交并引为知己,无非是在人群之中找不到可以与自己相契者,而物身上却有自己仰慕的品质,梅花孤清高洁,世俗难近;菊花东篱怒放,悠然从容;荷花亭亭净植,出淤泥而不染……文中提到这些植物,本是没有感情的,与人结成知己,最后甚至变成某种符号性的存在,是因为人将自身的品性和期望投射到了它们身上,使它具有了人的属性。

第五则

为月忧云,为书忧蠹①,为花忧风雨,为才子佳人忧命薄,真是菩萨心肠。

余淡心曰②:洵如君言,亦安有乐时耶?

孙松坪曰③:所谓君子有终身之忧者耶?

黄交三曰④:"为才子佳人忧命薄"一语,真令人泪湿青衫。

张竹坡曰:第四忧,恐命薄者消受不起。

江含徵曰:我读此书时,不免为蟹忧雾。

竹坡又曰:江子此言,直是为自己忧蟹耳。

尤悔庵曰⑤:杞人忧天⑥,嫠妇忧国⑦,无乃类是。

【注释】

① 为书忧蠹(dù):替书担忧被蠹虫蛀蚀。蠹,蠹鱼,又名银鱼、白鱼、衣鱼等,是蛀食书籍、衣物等的虫子,线装古籍常常被蠹虫毁坏。

② 余淡心:即余怀。

③ 孙松坪:即孙致弥。

④ 黄交三：即黄泰来，字交三，一字竹舫，号石间、岱云楼、浮香阁。江苏泰州人，黄云次子，宗元鼎婿。他曾随孔尚任到北京入王士禛幕。有《岱青楼集》、《浮香阁集》、《观海集》、《浣花词》等。

⑤ 尤悔庵：尤侗，字同人、展成，号悔庵，艮斋，晚自号西堂老人，江南长洲人。明末清初著名诗人、戏曲家。康熙十八年（1679）举博学鸿词科，列为二等，官授翰林院检讨，参修《明史》，"受知两朝，恩礼始终"。尤侗工诗词，精音律。王士禛评其诗说："如万斛泉，随地涌出，时出世间，辩才无碍，要为称其心之所欲言。"作品有传奇《钧天乐》、《黑白卫》，杂剧《读离骚》、《吊琵琶》、《桃花源》、《清平调》，收入《西堂曲腋》。另有《鹤栖堂集》、《西堂全集》和《余集》共一百三十五卷。《西堂小草》收其诗作一百二十首。乾隆时，《西堂全集》因"有乖体例，语多悖逆"，一度被查禁。

⑥ 杞人忧天：比喻不必要的或缺乏根据的忧虑和担心。语出《列子·天瑞》："杞国有人，忧天地崩坠，身亡所寄，废寝食者。"

⑦ 嫠（lí）妇忧国：寡妇担忧国家大事，比喻毫无由来的忧虑。嫠妇，寡妇。

【译文】

替月亮担忧被云朵遮蔽，替书籍担忧被蠹虫蛀蚀，替花朵担忧风雨侵袭，替才子佳人担忧命运不好，这真是慈悲的菩萨心肠。

余淡心说：若确实像您说的这样，那哪儿有快乐的时候啊？

孙松坪说：这就是所谓的君子有一辈子的忧虑吗？

黄交三说："为才子佳人忧命薄"这一句话，真是令人泪湿衣衫。

张竹坡说:第四种忧虑,恐怕命薄的人承受不起。

江含徵说:我读这本书的时候,免不了替螃蟹担心雾气。

竹坡又说:江先生这话,只是替自己担忧没有螃蟹吃罢了。

尤悔庵说:杞人担心上天倾塌,寡妇忧虑国家大事,恐怕都是像这样吧。

【点评】

这里所说的几种忧虑都是对美好东西的怜惜与珍重,蕴含其中的是一种"爱美之心","大都好物不牢坚,彩云易散琉璃脆",正是因为难以留存,佳况易逝,所以令人格外忧虑。花正好时便担忧风雨,才子佳人风头正盛,却要禁不住替他们忧虑将来。为一切美好的事物存善念,这背后是爱好文艺之人的敏感与多情。

第六则

花不可以无蝶,山不可以无泉,石不可以无苔,水不可以无藻,乔木不可以无藤萝,人不可以无癖①。

黄石间曰②:"事到可传皆具癖",正谓此耳。

孙松坪曰:和长舆却未许藉口③。

【注释】

① 癖:癖好,嗜好。这里所说的癖,是指对某一事物的过分关注、痴迷。

② 黄石间:即黄泰来。

③ 和长舆：晋代和峤，字长舆，十分富有，却很吝啬，杜预称其有钱癖。藉口：借别人的话作为依据。

【译文】

花朵不能没有蝴蝶相伴，山不能没有泉水穿流，石头上不能没有青苔点缀，水中不能没有浮萍装饰，高大的树木不能没有藤萝攀缘，人不能没有自己的癖好。

黄石闾说："事到可传皆具癖"，说的正是这个。

孙松坪说：和峤喜欢钱却不能以此为借口。

【点评】

事物无法孤立存在，总要相互映衬才能各显韵致。花没有蝴蝶，只有娇态，就不生动，反过来，蝴蝶也离不开花朵，没有娇花的映衬，蝴蝶便失了从容自在的韵致。没有泉水，山便少了声色；没有深山，泉水却也少了被映衬出的活泼可喜。苔要生在朴拙的石头上才青森可爱，浮萍要铺在夏日的池塘才超拔出一丝境界，藤萝也要附生于高大的乔木方能显出泼天的生机。而癖好，则是人之所以成为自己的过程与标志，是隐秘的灵魂。

《世说新语·雅量》中有一则关于不同癖好的故事，十分有趣。祖约爱钱，阮孚爱木屐，两人都亲自经营料理。同样是累人的癖好，时人无法以此判断二人高下。有人到祖约家，看见他正在查点财物。客人突然到来，祖约还没有收拾完，剩下两小箱，他只好放在自己身后，侧身挡着，神色颇为不安。又有人到阮孚家，看见他正亲自举火给木屐上蜡。见到有人前来，就叹息说："不知道人一辈子能穿几双木屐？"神态十分安闲从容。于是二人高下由此判定。癖好并无高下之分，分别在于以怎样的态度来对待它。

第七则

春听鸟声,夏听蝉声,秋听虫声,冬听雪声。白昼听棋声,月下听箫声,山中听松声①,水际听欸乃声②,方不虚生此耳。若恶少斥辱,悍妻诟谇③,真不若耳聋也。

黄仙裳曰④:此诸种声颇易得,在人能领略耳。

朱菊山曰⑤:山老所居,乃城市山林,故其言如此。若我辈日在广陵城市中⑥,求一鸟声,不啻如凤凰之鸣⑦,顾可易言耶?

释中洲曰⑧:昔文殊选二十五位圆通⑨,以普门耳根为第一⑩。今心斋居士耳根不减普门,吾他日选圆通,自当以心斋为第一矣。

张竹坡曰:久客者,欲听儿辈读书声,了不可得。

张迂庵曰⑪:可见对恶少、悍妻,尚不若日与禽虫周旋也。又曰:读此方知先生耳聋之妙。

【注释】

① 松声:风吹过松林可以发出像波涛般的特殊响声,称为松涛或松风。

② 欸乃(ǎi nǎi)声:本指摇橹声,后来也指棹歌,即划船时歌唱之声。唐代元结有《欸乃曲》:"谁能听欸乃,欸乃感人情。"题注:"棹舡之声。"唐代柳宗元的《渔翁》诗中也有:"烟销日出不见人,欸乃一声山水绿。"

③ 诟谇(gòu suì):辱骂。

④ 黄仙裳：即黄云，字仙裳，一字樵青，号旧樵、悠然堂、桐引楼等，明末诸生，江苏泰州人。他工画擅诗，明清之际，于江淮一带颇负盛名。清朝诗人夏荃云："吾泰两家诗，曰邓孝威汉仪，曰黄仙裳云，皆于清初有名。有《悠然堂集》、《桐引楼诗》二稿。

⑤ 朱菊山：即朱慎，字其恭，号菊山，武义人，居扬州，善作诗，性格豪放。他饮酒食蟹时有人报八座来拜，他说："吾不以八座易八脚！"饮酒自若。

⑥ 广陵：即江苏扬州。

⑦ 不啻(chi)：如同。

⑧ 释中洲：法名海岳，字菌人、中山，号绿萝庵、中洲、清凉菌人等，俗家丹徒。住金陵清凉寺，工画。

⑨ 昔文殊选二十五位圆通：据《楞严经》记载，昔时楞严会上大小二十五圣各自说所证之圆通方便，佛敕文殊料简是非，文殊历评已，独以最后观世音之耳根圆通为最上；以此土众生六根中耳根为最利，故以耳根之圆通方便为最上。所以下文说以"普门耳根为第一"。圆通，佛教语。圆融而无碍，谓悟觉法性。圆，不偏倚。通，无障碍。《楞严经》卷二二："阿难及诸大众，蒙佛开示，慧觉圆通，得无疑惑。"观音菩萨以耳根圆通，被文殊菩萨赞为二十五圆通中第一圆通，故观音又称圆通大士。

⑩ 普门：佛教语。谓普摄一切众生的广大圆融的法门。见《法华经·观世音菩萨普门品》。此处代指观音菩萨。耳根：佛教语。六根之一。指对声境而生耳识者。清代龚自珍《五重证

义》:"又观世音用耳根,香积佛众香世界用鼻根,智者大师用意根,即是六根真常之证。"

⑪ 张迂庵:不详。

【译文】

春天听鸟鸣,夏天听蝉唱,秋天听虫声唧唧,冬天听雪落声。白天听下棋的落子声,月下听悠远的箫声,山中听松涛起伏,水边听桨橹轻摇,才算没有白长这双耳朵。假如听到的是无赖少年的呵斥辱骂,凶悍妻子的诟骂,那真不如做个聋人。

黄仙裳说:这几种声音很容易听到,在于人能不能欣赏罢了。

朱菊山说:山老所居住的地方是城市中的山林,所以他能说出这话。要是像我们这些人一样整天生活在扬州城内,寻求一声鸟鸣,不亚于要寻求凤凰的鸣声,还能这么轻易说出吗?

释中洲说:昔日文殊菩萨评选二十五位圆通,把观世音菩萨的耳根列为第一。如今心斋居士的耳根不亚于观世音,我将来要是评选圆通,自然当把心斋列为第一。

张竹坡说:久居他乡的人,想要听孩子们的读书声,最终也听不到。

张迂庵说:可见面对无赖少年、凶悍的妻子,还不如整天与禽鸟虫类相处。又说:读了这篇才知道先生耳朵聋的妙处。

【点评】

声音的美,要结合环境才能体现。春林花媚,春鸟嘤嘤,是无限的生机在蔓延。声音能衬托意境,也需要环境和情思来烘托。日本诗人松尾芭蕉有名句:"古池塘,青蛙跃入,水声响。"文辞朴素却意境幽远。文中提到的各种声音都要当其时、处其地才能领会其妙处,其中既有环境的静美,也有听者心境的自在悠闲,听见与身处其中都不难,难的是懂得欣赏。若身处此境仍然耳闻斥辱、诟谇,便是煞风景至极了。

第八则

上元须酌豪友①,端午须酌丽友,七夕须酌韵友②,中秋须酌谈友,重九须酌逸友③。

朱菊山曰:我于诸友中,当何所属耶?

王武徵曰④:君当在豪与韵之间耳。

王名友曰:维扬丽友多,豪友少,韵友更少,至于谈友、逸友,则削迹矣。

张竹坡曰:诸友易得,发心酌之者为难能耳。

顾天石曰⑤:除夕须酌不得意之友。

徐砚谷曰:惟我则不可酌耳。

尤谨庸曰⑥:上元酌灯,端午酌彩丝,七夕酌双星,中秋酌月,重九酌菊,则吾友俱备矣。

【注释】

① 上元:即上元节,农历正月十五,又称为元宵、元夜、灯节等,是中国传统节日。古代以正月十五日为上元,七月十五日为中元,十月十五日为下元,合称三元。豪友:豪爽的朋友。

②七夕:农历七月七日,相传为牛郎织女鹊桥相会之日。旧俗女子于是夜在庭院中进行乞巧活动,也称乞巧节。

③重九:农历九月九日,一般称为重阳节。

④王武徵:即王方岐,字武徵,号蒙谷,江苏扬州人。与郑听庵、徐地山等为"竹西十佚"。有《蒙斋文集》、《蒙斋诗集》。

⑤顾天石:顾彩,字天石,号梦鹤居士,江苏无锡人。清代戏曲家。官至内阁中书。顾彩工曲,与孔尚任友善,孔尚任作《小忽雷》传奇,皆其为之填词,并改《桃花扇》为《南桃花扇》。另有《往深斋集》、《辟疆园文稿》、《鹤边词》,及戏曲作品《楚辞谱》、《后琵琶记》、《大忽雷》。

⑥尤谨庸:尤珍,字谨庸,一字慧珠,号沧湄,江南长洲县人,尤侗之子。康熙二十年(1681)进士,曾任翰林院庶吉士,历任《大清会典》、《明史》、《三朝国史》纂修官,深于诗学,每作一诗,字字求安,回避讥弹之意。著有《沧湄札记》、《沧湄诗钞》。又有《沧湄类稿》五十卷,《啐示录》二十卷。

【译文】

上元节要与豪爽的朋友共饮,端午节要与美丽的朋友共饮,七夕节要与风雅的朋友共饮,中秋节要与善于清谈的朋友共饮,重阳节要与隐逸的朋友共饮。

朱菊山说:我在这些朋友中,应该属于哪一种?

王武徵说:您应该在豪放与风雅之间。

王名友说:扬州美丽的朋友多,豪放的朋友少,有韵致的朋友更少,至于擅长清谈的朋友、隐逸的朋友,更是迹象全无。

张竹坡说:这几种朋友都容易找到,动心共饮是难以做到的事。

顾天石说:除夕应该与不得意的朋友共饮。

徐砚谷说:只有我不能一同饮酒。

尤谨庸说:上元节与花灯共饮,端午节与彩丝共饮,七夕节与牛郎织女星共饮,中秋节与月亮共饮,重阳节与菊花共饮,那么我的各种朋友就都有了。

【点评】

几个时节,不同友人,体现出的是张潮的处世哲学和生活品位,虽然恰当,但毕竟文艺得有些俗气。几则点评,尤谨庸的却最是有趣。花灯朗彻、彩丝明丽、双星照人、明月直入、菊花孤标傲世,尤谨庸所列举的这些东西,既能体现出各种"友"的特点,又与这几个时节一一对应。这几句话不仅暗含"以物为知己"的旨趣,而且也展示了其自身的潇洒磊落,高妙而有趣。

第九则

鳞虫中金鱼①,羽虫中紫燕②,可云物类神仙。正如东方曼倩避世金马门③,人不得而害之。

江含徵曰:金鱼之所以免汤镬者④,以其色胜而味苦耳。昔人有以重价觅奇特者,以馈邑侯⑤。邑侯他日谓之曰:"贤所赠花鱼殊无味。"盖已烹之矣。世岂少削圆方竹杖者哉⑥?

【注释】

① 鳞虫:体表有鳞甲的动物,一般指鱼类和爬行类。虫,古代对

动物的总称。《大戴礼记·曾子天圆》中说："介虫之精者曰龟,鳞虫之精者曰龙。"

② 羽虫:鸟类。《孔子家语·执辔》中有:"羽虫三百有六十而凤为之长。"紫燕:燕的一种,也称越燕。体形小而多声,颔下紫色,营巢于门楣之上,分布于江南。唐代顾况《悲歌》有:"紫燕西飞欲寄书,白云何处逢来客。"

③ 东方曼倩:东方朔,字曼倩,汉平原厌次人,汉武帝时,他上书自荐,遂诏拜为郎,后任常侍郎、太中大夫等职。他性格诙谐,滑稽多智,常在武帝面前谈笑。古代隐士多避世于深山,而他却自称避世于朝廷。司马迁在《史记》中称他为"滑稽之雄"。其一生著述甚丰,写有《答客难》、《非有先生论》、《封泰山》、《责和氏璧》、《试子诗》等,后人汇为《东方太中集》,收入《汉魏六朝百三家集》中。金马门:汉代官门名。学士待诏之处。《史记·滑稽列传》:"金马门者,宦(者)署门也。门傍有铜马,故谓之曰'金马门'。"东方朔到长安时,曾待诏于此。

④ 汤镬(huò):被放入锅内用滚水煮。镬,古代的大锅。

⑤ 馈:赠送。邑侯:指县令。

⑥ 削圆方竹杖:将方竹的手杖削圆,指不识珍贵之物,没有眼光。这句出自宋代释宗杲的《圜悟和尚赞三首》:"道大德备之词,先师之真。此处无金二两,俗人酤酒三升。超佛越祖之谈,赞师之禅。削圆方竹杖,鞔却此草毡。无可谕,无可说,正是守着击驴橛。那堪更言七坐道场三奉诏旨,大似郑州出曹门,且喜没交涉。降此之外,毕竟如何。江南两浙,春寒秋热。寄语诸方,不要饶舌。"五代冯翊子的《桂苑丛谈》有《方竹拄杖》一

文：太尉朱崖公，两出镇于浙右，前任罢日，游甘露寺，因访别于老僧院公曰："弟子奉诏西行，祗别和尚。"老僧者熟于祗接，至于谈话，多空教所长，不甚对以他事。由是公怜而敬之。煮茗既终，将欲辞去。公曰："昔有客遗筇竹杖一条，聊与师赠别。"亟令取之，须臾而至，其杖虽竹而方，所持向上，节眼须牙，四面对出，天生可爱。且朱崖所宝之物，即可知也。别后不数岁，再领朱方，居三日，复因到院，问前时竹杖何在。曰："至今宝之。"公请出观之，则老僧规圆而漆之矣！公嗟叹再弥日，自此不复目其僧矣。太尉多蓄古远之物，云是"大宛国人所遗竹，唯此一茎而方者也"。

【译文】

鱼中的金鱼，鸟中的紫燕，可说是动物中的神仙。就像东方朔那样在金马门待诏隐居于市朝，别人却无法加害他。

江含徽说：金鱼之所以能免于被放入滚水锅煮食，是凭借外貌突出而味道苦。过去有人以高价觅求样子奇特的金鱼，用来送给县令。县令后来对他说："您所送的花鱼实在没什么滋味。"可见是已经把金鱼给煮了。世上难道还少把方竹杖削圆的人吗？

【点评】

张潮身处世代变易之际，人世升沉，感慨颇多，容易羡慕能全身免祸的人。他把金鱼和紫燕比喻为物中的神仙，是因为它们能够凭借自身的优点免于被宰杀的命运。东方朔待诏金马门，虽于朝中为官，却善于韬光养晦，又滑稽机敏，能够保全自己。张潮认为他以滑稽受宠于武帝，却又能全身免祸，人生兼美，也像神仙一样。

第一〇则

入世须学东方曼倩,出世须学佛印了元①。

江含徵曰:武帝高明喜杀②,而曼倩能免于死者,亦全赖吃了长生酒耳③。

殷日戒曰:曼倩诗有云:"依隐玩世,诡时不逢④。"以其所以免死也。

石天外曰⑤:入得世,然后出得世。入世、出世打成一片,方有得心应手处⑥。

【注释】

① 佛印了元:宋代名僧,饶州浮梁人,俗姓林,名了元,字觉老。他工书能诗,尤善言辩,与周敦颐、苏轼友善。苏轼谪居黄州时,佛印住庐山,两人常有唱酬,其往来事迹,可见于《禅林僧宝传·了元传》、《居士分灯录》等。佛印说法讲究用词,有"人间寒食,洞里花开。游蜂与蝴蝶争飞,鹭子共黄鹂对语"之名句。野史中常有佛印与苏轼斗智的故事,冯梦龙的《醒世恒言》第十二卷有《佛印师四调琴娘》。

② 高明喜杀:权势威严而喜好杀人。

③ 长生酒:能使人长生不死的酒,传说汉武帝曾派人寻访君山上"饮之即不死,为神仙"的酒,不料被东方朔偷喝。武帝大怒,要杀他。东方朔却说:"广使酒有验,杀臣亦不死;无验,安用酒为?"

④ 依隐玩世,诡时不逢:指依违于政事和隐居之间,玩身于世,行

为虽与时势相违背,却也不会遭到祸害。出自《汉书·东方朔传赞》:"饱食安步,以仕易农;依隐玩世,诡时不逢。"是东方朔的诫子之语。

⑤ 石天外:即石庞。

⑥ 得心应手:心里怎么想,手就能怎么做。比喻技艺纯熟或做事情非常顺利。出自《庄子·天道》:"不徐不疾,得之于手而应于心。"

【译文】

投身社会应该学东方朔,超脱尘世必须学佛印法师。

江含徵说:汉武帝权势威严又喜好杀人,然而东方朔却能免于被杀,也全靠吃了神仙的长生酒罢了。

殷日戒说:东方朔的诗里说:"依违于政事和隐居之间,玩身于世,行为虽与时势相违背,却也不会遭到祸害。"是靠着这个才能免于被杀。

石天外说:能够投身社会,这之后又能超脱尘世。将入世、出世合为一体,才能有得心应手之处。

【点评】

东方朔入世做官,但是他却说自己是隐于市朝,将金马门当做自己的隐居之所。虽在庙堂之高,却心怀出世之情,所以能够以滑稽受宠,全身免祸。佛印是宋代有名的高僧,本是方外之人,却经常与名士来往,与苏轼、黄庭坚多有交游,虽在空门之中,却并不故作清高,行迹不脱人世。不论入世还是出世,都不能偏执一端,需要彼此平衡,才能使生命达到一种从心所欲的境地。

第一一则

赏花宜对佳人,醉月宜对韵人,映雪宜对高人①。

余淡心曰:花即佳人,月即韵人,雪即高人。既已赏花醉月映雪,即与对佳人、韵人、高人无异也。

江含徵曰:若对此君仍大嚼,世间那有扬州鹤②?

张竹坡曰:聚花、月、雪于一时,合佳、韵、高为一人,吾当不赏而心醉矣。

【注释】

① 映雪:指赏雪。高人:志趣、品行高尚的人或超脱世俗的人,多指隐士。

② 若对此君仍大嚼,世间那有扬州鹤:若对着竹子还能大口吃肉,世间哪儿有骑鹤下扬州这么称心如意的事?这句诗出自苏轼的《於潜僧绿筠轩》:"可使食无肉,不可居无竹。无肉令人瘦,无竹令人俗。人瘦尚可肥,俗士不可医。旁人笑此言,似高还似痴。若对此君仍大嚼,世间那有扬州鹤?"此君,指竹子。典出《晋书·王徽之传》:"(徽之)尝寄居空宅中,便令种竹。或问其故,徽之但啸咏指竹曰:'何可一日无此君邪!'"后因作竹的代称。扬州鹤,形容称心如意之事。典出南朝梁殷芸《小说》:"有客相从,各言所志,或愿为扬州刺史,或愿多资财,或愿骑鹤上升。其一人曰:腰缠十万贯,骑鹤上扬州,欲兼三者。"

【译文】

赏花时应该有美人对坐,对月畅饮时应该有风韵雅士相伴,赏雪应该与隐逸的高士一起。

余淡心说:花就是美人,月亮就是风韵雅士,雪就是隐逸高士。既然已经赏花醉月映雪了,那就和与美人、雅士、高士相处没有什么不同。

江含微说:就像对着竹子仍然大块吃肉一样,人世间哪有"腰缠十万贯,骑鹤上扬州"那样称心如意的事?

张竹坡说:将花、月、雪聚在同一时,将美人、雅士、高士合为同一个人,我应当不待欣赏就心中陶醉了。

【点评】

这里说的是相宜,好风景、好时节,当然也要好伴侣,好就是要恰当,要应景。美人与花同看,相互映衬,更添娇媚,花前携手,感情想必也更热烈。月亮孤洁,与之相对,当然要有风韵者才可以。至于高士,清高孤介,也只有白雪才能衬托其高洁。

第一二则

对渊博友,如读异书;对风雅友,如读名人诗文;对谨饬友[①],如读圣贤经传;对滑稽友,如阅传奇小说[②]。

李圣许曰[③]:读这几种书,亦如对这几种友。

张竹坡曰:善于读书取友之言。

【注释】

① 谨饬(chì)友：指言行慎重小心的朋友。

② 传奇小说：泛指戏曲、小说。传奇本是一种中国古代小说体裁，其源出于六朝"志怪"，而内容已扩展到人情世态和社会生活的描写，情节曲折多变，内容离奇丰富。因为传奇作品多为后代说唱和戏剧所取材，故宋元戏文、诸宫调、元人杂剧等也有称为传奇的。另外，后代的戏曲作品、尤其是明代长篇南戏作品，也称为传奇。

③ 李圣许：不详。

【译文】

和学问渊博的朋友相处，就像读不常见的奇书；和风流俊雅的朋友相处，就像在读名家的诗文；和言行谨慎持重的朋友相处，就像在读圣贤的经籍传疏；和诙谐幽默的朋友相处，就像在读讲述奇闻异事的小说。

李圣许说：读这几种书，也像和这几种朋友相处。

张竹坡说：这是善于读书交友的人所发的言论。

【点评】

作者将不同类型的朋友，比喻成不同风格的书籍，一是展示出不同朋友的特点，同时也展现出与这些朋友相对时的收获和感受。这既是他的人生感悟，也是他与朋友的相处之道。

第一三则

楷书须如文人，草书须如名将，行书介乎二者之间，如羊叔子缓带轻裘①,正是佳处。

程翓老曰②:心斋不工书法,乃解作此语耶?

张竹坡曰:所以羲之必做右将军。

【注释】

① 羊叔子:即羊祜,三国魏末西晋初泰山难成人,字叔子,蔡邕外孙。《晋书》有传。他是晋初名臣,文武双全,曾任荆州都督,平时不着甲胄,衣带宽松,穿轻暖皮袍,儒雅安闲,深得士民之心。

② 程翓(wěi)老:程京萼,字韦华,号袯斋、翓老、野处堂等。江苏上元人。经学家程廷祚之父,性耿介,不求闻达。清代书法家,书法学黄庭坚,空灵瘦硬,包世臣《艺舟双楫》列其行书于逸品下十六人之列。

【译文】

楷书要写得像文人般端正从容,草书要写得像名将那样豪放恣意,行书介于两者之间,要像晋代名将羊叔子那样缓带轻裘,潇洒而从容,恰到好处。

程翓老说:心斋不擅长书法,竟懂得说出这样的话吗?

张竹坡说:所以王羲之要做右将军。

【点评】

楷书、行书、草书都是书法字体的一种,不同的书法由于其技巧不同,因而所展现的风格也极为不同,各具风姿,因此也令张潮产生了不同的印象和联想。楷书字形方正,作者便将其比作品德端正的文人。草书笔走龙蛇,激情喷薄,因此作者将其比作气势摄人的武将。而行书兼有两者之妙,意态安闲,从容流畅,作者便联想到了风度翩翩允文允武的南朝将军羊叔子,突出行书既有风骨又流畅自如的特点,使人印象深刻。这些都是非常妥帖而巧妙的比喻。

第一四则

人须求可入诗,物须求可入画。

龚半千曰①:物之不可入画者,猪也,阿堵物也②,恶少年也。

张竹坡曰:诗亦求可见得人,画亦求可像个物。

石天外曰:人须求可入画,物须求可入诗,亦妙。

【注释】

①龚半千:即龚贤,又名岂贤,字半千,号半亩,又号野遗,晚号柴丈人、钟山野老、半亩居人等。是明遗民,原籍昆山,隐居江宁清凉山下半亩园。善画山水,为金陵八家之一,能诗,兼工书法。有《画诀》、《香草堂集》、《半亩园诗草》等。

②阿堵物:指钱。语出南朝宋刘义庆《世说新语·规箴》:"王夷甫雅尚玄远,常嫉其妇贪浊,口未尝言钱字。妇欲试之,令婢以钱绕床,不得行。夷甫晨起,见钱阂行,呼婢曰:'举却阿堵物。'"后遂以"阿堵物"指钱。

【译文】

人应该努力具备可以写入诗中的风度气韵,物品应该争取具有能录入画中的优美外形。

龚半千说:物品中不能录入画中的,猪、钱、无赖少年。

张竹坡说:诗也要能够见得了人,画也要求能像某个物品。

石天外说:人应该努力具备能入画的形貌,物应该争取可以被写入诗中,也很妙。

【点评】

张潮认为,做人要能够达到入诗的标准,风骨高标、有能入诗的言行,有趣味;而物则必须要具备能够入画的美和姿态。这表明了他对人的要求和对物的欣赏标准,不论对人还是对物,这个标准都是非常高的。

第一五则

少年人须有老成之识见①,老成人须有少年之襟怀②。

江含徵曰:今之钟鸣漏尽、白发盈头者③,若多收几斛麦④,便欲置侧室⑤,岂非有少年襟怀耶?独是少年老成者少耳。

张竹坡曰:十七八岁便有妾,亦居然少年老成。

李若金曰⑥:老而腐板,定非豪杰。

王司直曰⑦:如此方不使岁月弄人。

【注释】

① 老成:阅历多而练达世事的成年人,此处指成年人。

② 少年之襟怀:即年轻人蓬勃进取的胸怀。

③ 钟鸣漏尽:晨钟已鸣,更漏将尽。比喻人年老力衰,已到迟暮之年。《三国志·魏书·田豫传》:"年过七十而以居位,譬犹钟鸣漏尽而夜行不休,是罪人也。"

④斛：旧量器名，亦是容量单位，一斛本为十斗，后来改为五斗。

⑤侧室：妾。

⑥李若金：即李淦，字若金，一字季子，号水樵，南明举人。有《砺园集》、《燕翼篇》等。

⑦王司直：即王臬，字司直，秀水人，寓居南京。与其兄王概、王蓍皆能诗善画，他们合编了《芥子园画谱》，每门之前有叙论，各门叙论合为《学画浅说》。

【译文】

少年人应当有老到成熟的见解，老年人应当有少年人朝气蓬勃的胸怀。

江含徵说：如今那些年已迟暮、白发满头的人，要是多收了几斛麦子，就想要娶妾，岂不是具有少年的情怀吗？只是年轻却稳重的人少有。

张竹坡说：十七八岁就有了妾，也俨然是少年老成。

李若金说：年老又迂腐刻板，一定不是豪杰之士。

王司直说：这样才能不令岁月玩弄人。

【点评】

年轻人与老年人因为其生理状况与人生阅历的不同，表现出来的状态也不一样。张潮希望少年在朝气蓬勃之外应当具备一些年长者的成熟态度，老年人在成熟稳重之余能不忘年轻时的进取之志，两者相互补充。这其实是他理想化的标准和要求，人受制于经历和环境，很难做得到。评论中有两则态度相近，说的都是当时的社会现象：白发满头者还要娶妾，刚刚成年就已经娶妾，这两种都是荒诞而可笑的事情。

第一六则

春者天之本怀①,秋者天之别调②。

石天外曰:此是透彻性命关头语。

袁中江曰③:得春气者,人之本怀,得秋气者,人之别调。

尤悔庵曰:夏者天之客气④,冬者天之素风⑤。

陆云士曰⑥:和神当春,清节为秋,天在人中矣。

【注释】

① 本怀:本来的心愿、胸怀。

② 别调:另一种风味、情调。

③ 袁中江:即袁启旭,字士旦,号中江,宣城人,侨居芜湖。诗及书法皆警迈,与施闰章、梅庚同负盛名。有《中江纪年稿》。底本作"袁江中",误。

④ 客气:一时的意气,偏激的情绪。这里借指夏季天气酷热。

⑤ 素风:此处大致意思如主气,意谓平素的作风。

⑥ 陆云士:即陆次云,浙江钱塘人,字云士。拔贡生。康熙十八年(1679),应博学鸿词科试,未中。后任河南郏县、江苏江阴知县。有《八纮绎史》、《澄江集》、《北墅绪言》等。

【译文】

春天是大自然生机勃勃的本来面目,秋天是大自然萧瑟洒脱的另一番风致。

石天外说:这是彻底了悟性命关头的话。

袁中江说：得到生机勃勃之气的，是人的本来面目，得萧瑟洒脱之气的，是别有一番情调的人。

尤悔庵说：夏季是上天的偏激表现，冬季是上天的本来面貌。

陆云士说：和悦心神为春天，高洁的情操为秋天，上天在人心间。

【点评】

四时流转，季节更迭，其实并无主次之分，只是作者将自己的心意和眼光赋予自然，投射于季节，因此认为春季是上天的本怀。《周易·系辞下》称天地之大德曰生。春季到来，万物复苏，世界欣欣向荣，确实显示出一派蓬勃生机，令人满目欣喜。秋天既是成熟收获的日子，天高气爽，也是开启肃杀严寒的日子，紧接着又是寒冷的冬天，令人惆怅伤感，所以说是别调。

第一七则

昔人云："若无花月美人，不愿生此世界。"予益一语云："若无翰墨棋酒，不必定作人身。"

殷日戒曰：枉为人身生在世界者，急宜猛省。

顾天石曰：海外诸国，决无翰墨棋酒。即有，亦不与吾同，一般有人，何也？

胡会来曰①：若无豪杰文人，亦不须要此世界。

【注释】

① 胡会来：不详。

【译文】

过去有人说:"要是没有花、月和美人,就不愿意活在这世上。"我再加一句:"要是没有文章、书画、围棋和美酒,就没必要一定托生为人。"

殷日戒说:枉自托生为人活在这个世界上的人,迫切应该深加反省。

顾天石说:海外的国家,没有翰墨棋酒。就算有,也跟我们的不相同,那里也一样生活着人类,是什么缘故呢?

胡会来说:要是没有豪杰之士与文人,也不需要有这个世界。

【点评】

文中的"昔人",指的是明代的陆绍衍,他在《醉古堂剑扫》中曾说过:"无花月美人,不愿生此世界。"张潮更进一层,认为要是没有文章、书画、围棋和美酒,就没必要一定托生为人。他所说的这几种都是读书人最重视的东西,事业、交游、兴趣全部寄托于此,如果没有这些,无疑是极大的憾事。这一条可以和"目不能识字,其闷尤过于盲;手不能执管,其苦更甚于哑"(第五三则)相参看,可见对于张潮来说,无知无识,不能领略世间的美好,才是最令人痛苦的事情。

第一八则

愿在木而为樗①不才,终其天年,愿在草而为蓍②前知③,愿在鸟而为鸥忘机④,愿在兽而为廌⑤触邪⑥,愿在虫而为蝶花间栩栩⑦,愿在鱼而为鲲⑧逍遥游。

吴菌次曰⑨：较之《闲情》一赋⑩，所愿更自不同。

郑破水曰⑪：我愿生生世世为顽石。

尤悔庵曰：第一大愿，又曰：愿在人而为梦。

尤慧珠曰⑫：我亦有大愿，愿在梦而为影。

弟木山曰⑬：前四愿皆是相反，盖前知则必多才，忘机则不能触邪也。

【注释】

① 樗（chū）：臭椿，被认为是无用之材。语出《庄子·逍遥游》："吾有大树，人谓之樗，其大本拥肿而不中绳墨，其小枝卷曲而不中规矩，立之涂，匠者不顾。"

② 蓍（shī）：即蓍草，古人常以其茎作占卜。

③ 前知：即有提前预知的能力。

④ 忘机：消除机巧之心，常用以指甘于淡泊，与世无争。

⑤ 廌（zhì）：或作"獬廌（xiè zhì）"，是古代传说中的异兽，有一只角，能辨是非曲直，见人相斗，则以角触邪恶无理者。古人认为它是一种祥物。

⑥ 触邪：辨触奸邪，指廌能辨邪触不正者。

⑦ 花间栩栩：在花丛中愉悦从容地飞舞。栩栩，欢喜自得的样子。语出《庄子·齐物论》："昔者庄周梦为胡蝶，栩栩然胡蝶也。"

⑧ 鲲：古代传说中的大鱼。出自《庄子·逍遥游》："北冥有鱼，其名为鲲。鲲之大，不知其几千里也。化而为鸟，其名为鹏。鹏之背，不知其几千里也。怒而飞，其翼若垂天之云……水击三

千里,抟扶摇而上者九万里。"

⑨ 吴菌(yuán)次:吴绮,后改吴钟,字菌次,号听翁、林蕙堂、红豆词人等。他祖籍歙县,居江都。顺治九年(1652)拔贡,任秘书院中书舍人,后任湖州知府。工诗词和骈文,被称为"江都才子"。有《林蕙堂诗文集》、《燕香词》等。

⑩ 《闲情》:指陶渊明《闲情赋》,其中有许多表示心愿的句子,如"愿在衣而为领,承华首之余芳。悲罗襟之宵离,怨秋夜之未央!愿在裳而为带,束窈窕之纤身"。

⑪ 郑破水:郑晋德,字破水,安徽歙县人,著有《三友棋谱》。

⑫ 尤慧珠:即尤珍。

⑬ 弟木山:即张潮之弟张渐,字木山。"东囤"疑为其号。他曾与张潮一起编纂《昭代丛书》丙集。

【译文】

在树木中希望做樗树不成材不能供人使用,却能享其天年,在草中希望做蓍草能预卜未来,在鸟中希望做鸥鸟忘却世俗机心,在兽中希望做鹰能辨察邪恶,在昆虫中希望做蝴蝶可以在花间翩翩起舞,在鱼中希望做鲲可以化作大鹏而自在遨游。

吴菌次说:跟《闲情赋》相比较,所希望的更加不同。

郑破水说:我希望生生世世做未经开凿的石头。

尤悔庵说:第一大愿望,又说:在人中希望做梦。

尤慧珠说:我也有一大愿望,在梦中希望做影子。

弟木山说:前四愿都是彼此相反的,大概能够预知则必然多才能,忘却机心则不能辨察邪恶。

【点评】

张潮的这几个愿望表达了对这几种事物的仰慕之情,同时也反映了自己的心境。希望做不堪使用的樗,是因为在现实生活中进取无门,累试不第;希望像蓍草一样具有预知未来的能力,是因为现实境遇不顺,希望以此避免祸患;希望像鸥鸟一样悠游自在,是因为生活中负累艰难;希望像鹰一样明辨善恶,是因为张潮在生活中曾遭人构陷而下狱;希望像蝴蝶一样翩翩飞翔,是因为生活中难以常处花前月下;希望像鲲一样化作大鹏鸟展翅翱翔,是因为生活中没有自由自在的机会。这些愿望看似轻松,实际却很沉痛。

第一九则

黄九烟先生云:"古今人必有其偶双①,千古而无偶者,其惟盘古乎②!"予谓盘古亦未尝无偶,但我辈不及见耳。其人为谁?即此劫尽时最后一人是也③。

孙松坪曰:如此眼光,何啻出牛背上耶④?

洪秋士曰⑤:偶亦不必定是两人,有三人为偶者,有四人为偶者,有五六七八人为偶者。是又不可不知。

【注释】

① 偶双:与之相对,可以并举的人。

② 盘古:古代神话中开天辟地的人物。

③ 劫:道教认为天地一成一毁为一劫。佛教认为世界经历若干

万年毁灭一次,重新再开始,这样一个周期叫做一"劫"。劫,为"劫波"(或"劫簸")的略称,意为极久远的时节。

④ 牛背上:指目光看得远,不与人计较。《世说新语·雅量》:王衍在宴会上被族人"举樏(léi)掷其面",王衍坦然对之,洗毕乘车离去,对人说:"汝看我目光,乃出牛背上。"

⑤ 洪秋士:即洪嘉植,字去芜,号秋士。安徽歙县人。有《耕云子传》、《大荫堂集》。

【译文】

黄九烟先生说:"古往今来的人必定都有相配的对象,自古以来没有可以相配的人,恐怕惟有盘古吧!"我认为盘古也不是没有相配之人,只不过我们这些人没能见到罢了。这个人是谁呢?他便是历这一劫完毕时剩下的最后一个人。

孙松坪说:这样的眼光,何止是看得远呢?

洪秋士说:相配偶也不一定必须是两个人,还有三人相配的,有四人相配的,有五六七八人相配的。这又不可不了解。

【点评】

以世界毁灭时剩下的最后一个人与开天辟地之初的第一个人相配,作者思绪驰骋的世界真是广阔。

第二〇则

古人以冬为三余①,予谓当以夏为三余:晨起者夜之余,夜坐者昼之余,午睡者应酬人事之余②。古人诗云:"我爱夏日长③。"

洵不诬也④。

张竹坡曰：眼前问冬夏皆有余者，能几人乎？

张迂庵曰：此当是先生辛未年以前语⑤。

【注释】

① 三余：裴松之注引三国魏鱼豢《魏略》："（董）遇言：'（读书）当以三余。'或问三余之意。遇言'冬者岁之余，夜者日之余，阴雨者时之余也'。"后以"三余"泛指空闲时间。

② 人事：交际应酬。

③ 我爱夏日长：这句诗出自唐文宗李昂与书法家柳公权的《夏日联句》："人皆苦炎热，我爱夏日长。（李昂）熏风自南来，殿角生微凉。（柳公权）"

④ 洵：诚然，确实。诬：欺骗。

⑤ 辛未年：指康熙三十年（1691），张潮以岁贡生授翰林院孔目，此前他并未出仕。

【译文】

古人把冬天当做三余之一。我认为应当把夏天也看成三余：清晨起来时是夜的剩余，夜晚闲坐时是白昼的剩余，午睡时是应酬人事后的剩余。古人诗中说："我喜欢夏天白昼漫长。"确实没有欺骗人。

张竹坡说：现在问冬天夏季而都有余闲的，能有几个人？

张迂庵说：这应当是先生在辛未年以前说的话。

【点评】

这里的三余，说的其实是对碎片时间的规划和利用，以每一点挤出来的时间当做余裕加以利用。与之相仿，欧阳修也曾有过类似的言论:钱思公虽生长富贵,而少所嗜好。在西洛时尝语僚属,言平生惟好读书,坐则读经史,卧则读小说,上厕则阅小辞。盖未尝顷刻释卷也。谢希深亦言:宋公垂同在史院,每走厕必挟书以往,讽诵之声琅然,闻于远近,亦笃学如此。余因谓希深曰:余平生所作文章,多在三上,乃马上、枕上、厕上也。盖惟此尤可以属思尔。不论是读书还是写文章,都不浪费一分一秒的时间,积土成山,才有令人仰之弥高的一天。如今节奏匆忙,生活在庞大的城市,路上通勤的时间会占每天的一大块,不妨也学习一下古人,将这时间利用起来,权作是"马上"。

第二一则

庄周梦为蝴蝶①,庄周之幸也;蝴蝶梦为庄周,蝴蝶之不幸也。

黄九烟曰:惟庄周乃能梦为蝴蝶,惟蝴蝶乃能梦为庄周耳。若世之扰扰红尘者,其能有此等梦乎?

孙恺似曰:君于梦之中,又占其梦耶?

江含徵曰:周之喜梦为蝴蝶者,以其入花深也。若梦甫酣而乍醒②,则又如嗜酒者梦赴席,而为妻惊醒,不得不痛加诟谇矣。

张竹坡曰:我何不幸而为蝴蝶之梦者!

【注释】

① 庄周梦为蝴蝶:庄子梦中化为蝴蝶。故事出自《庄子·齐物

论》:"昔者庄周梦为胡蝶,栩栩然胡蝶也。自喻适志与!不知周也。俄然觉,则蘧(qú)蘧然周也。不知周之梦为胡蝶与?胡蝶之梦为周与?周与胡蝶,则必有分矣。此之谓物化。"

② 甫:刚刚,才。酣:睡眠深沉,甜美。

【译文】

庄周梦中变为蝴蝶,是庄周的幸运;蝴蝶梦中变为庄周,是蝴蝶的不幸。

黄九烟说:只有庄周能做梦化为蝴蝶,只有蝴蝶能梦中变成庄周。像世上那些扰攘于红尘的人,能做出这种梦吗?

孙恺似说:您在梦中又推测庄周的梦吗?

江含徵说:庄周高兴梦见蝴蝶,是因为他正飞于花丛深处。要是刚沉睡就醒来,则又好像嗜酒的人梦见去赴宴,却被妻子惊醒,不得不大加辱骂了。

张竹坡说:我为何不幸而成蝴蝶之所梦者!

【点评】

蝴蝶翩翩花间,从容自在,与自然相适应,既不关心人间世事,也不关心粮食与马匹,更没有名缰利锁,绚丽、自在,于春光中翩翩便是生而为蝴蝶的使命。能够变成它,当然是庄子的幸运。蝴蝶变成庄子,烦恼与智慧同生,同样是生而有涯,却要负担起沉重的肉身,为世俗所牵绊。在涨潮看来,这就是蝴蝶的不幸了。这种想法敏锐而悲观,然而却是生就聪明的知识分子才会有的烦恼与沉重,他敏锐的觉察到了人生的艰辛忧患,却又无法超脱,像蝴蝶一样从容自在。也许无知无识的人,对一切懵然无知,反而不会生出这种感叹。

第二二则

艺花可以邀蝶①,累石可以邀云②,栽松可以邀风,贮水可以邀萍,筑台可以邀月③,种蕉可以邀雨④,植柳可以邀蝉。

曹秋岳曰:藏书可以邀友。

崔莲峰曰⑤:酿酒可以邀我。

尤艮斋曰⑥:安得此贤主人?

尤慧珠曰:贤主人非心斋而谁乎?

倪永清曰⑦:选诗可以邀谤。

陆云士曰:积德可以邀天,力耕可以邀地,乃无意相邀而若邀之者,与邀名邀利者迥异。

庞天池曰⑧:不仁可以邀富⑨。

【注释】

① 艺花:种植花木。艺,种植,栽种。邀:招致,招引。

② 累石:把石头堆叠起来,即造假山。

③ 台:古时修建的一种高而平的方形建筑,用以观赏四面风景。

④ 蕉:即芭蕉,雨滴落在芭蕉叶子上声音会比较响,且连续不断。雨打芭蕉在古代的文学作品中一般用来表现孤寂愁郁之情。

⑤ 崔莲峰:即崔华,字莲峰,号不凋,直隶平山人。与儿子崔如岳一起点评了《幽梦影》。

⑥ 尤艮斋:即尤侗。

⑦ 倪永清：生卒年不详，法名超定，松江人。《五灯全书》卷九十七有载："（松江倪超定永清居士）淹博古今，以诗名世，入建隆滦室，有机最契。呈偈曰：那容门外木马行，不闻海底泥牛叫。一拳打倒四金刚，弥勒果然呵呵笑。滦颔之。一日雪首座问：'纸缝中有本来面目，日月照耀，居士可曾见么？'士便喝。雪曰：'诗在笔尖头，大地山河在舌头，且道，当人心血。如此用尽，成得什么边事。'士曰：'野鸭子飞过去也。'雪曰：'麻三斤见过也未。'士曰：'从来不曾妄诞。'雪曰：'干矢橛用得着么。'士曰：'悉凭首座证据。'雪曰：'四句外，别通一线看。'士曰：'夜深困倦（法音滦嗣）。'"

⑧ 庞天池：即前文所出现的庞笔奴。

⑨ 不仁：指不讲仁德。《周易·系辞下》："小人不耻不仁，不畏不义。"

【译文】

培育花卉可以招来蝴蝶，堆叠奇石可以招来白云，栽植松树可以招来清风，贮积池水可以招来浮萍，建筑高台可以招来月光，栽种芭蕉可以招来雨水，种植柳树可以招来鸣蝉。

曹秋岳说：藏书可以招来朋友。

崔莲峰说：酿酒可以招我前来。

尤艮斋说：如何能得这样的好主人？

尤慧珠说：好主人不是心斋又是谁呢？

倪永清说：选诗可以招致毁谤。

陆云士说：积累德行可以获得上天保佑，努力耕作可以获得大地的保佑，是无意招致却好像邀之而至者，与求名求利者完全不同。

庞天池说:不讲仁德可以获得富贵。

【点评】

世间之物,有些自身就足够有特点,有些则需要互相映衬才能显出彼此的好处,张潮所列举的这些就是彼此映衬、一美俱美的例子。

第二三则

景有言之极幽而实萧索者①,烟雨也;境有言之极雅而实难堪者②,贫病也;声有言之极韵而实粗鄙者③,卖花声也。

谢海翁曰④:物有言之极俗而实可爱者,阿堵物也。

张竹坡曰:我幸得极雅之境。

【注释】

① 景:景色。幽:沉静而安闲。萧索:萧条冷落。

② 言之极雅:说起来非常高雅。

③ 韵:风韵雅致。粗鄙:粗俗鄙陋。

④ 谢海翁:谢开宠,字晋侯,号海翁,安徽寿州人。清顺治九年(1652)进士,任四川宜宾县知县。洁己爱民,案无留牍。后辞官归里,病卒。有《元宝公案》,收入《檀几丛书》初集。

【译文】

景色有说起来很幽静,而实际非常萧条冷落的,是烟雨迷蒙;境况有说起来非常风雅而其实令人难以忍受的,是贫病交加;声音有说起来非常有韵味而实际上很粗鄙的,那就是卖花声。

谢海翁说:物品有说起来非常俗气而实际上很可爱的,是钱。

张竹坡说:我有幸得以处于极雅的境况。

【点评】

古人的诗文之中有很多关于"烟雨"、"贫病"、"卖花声"的描写,如"小楼一夜听春雨,深巷明朝卖杏花"。这些经过诗人刻意加工的境况,读的时候能带给人"美"与"雅"的感受,但真正身处其中的时候却是另外一番滋味。想象一下:贫病交加,屋顶青草蓬生,绵绵细雨却又从早到晚不停歇。卖花声也只是在听的人感觉清幽,以此为生的人心里却正凄苦不堪。刘大白有一首《买花女》,说的正是卖花者心声:春寒料峭,/女郎窈窕,/一声叫破春城晓:/"花儿真好,/价儿真巧,/春光贱卖凭人要!"/东家嫌少,/西家嫌小,/楼头娇骂嫌迟了!/春风潦草,/花心懊恼,/明朝又叹飘零早!

第二四则

才子而富贵,定从福慧双修得来①。

冒青若曰:才子富贵难兼,若能运用富贵,才是才子,才是福慧双修。世岂无才子而富贵者乎?徒自贪着,无济于人,仍是有福无慧。

陈鹤山曰②:释氏云:"修福不修慧,象身挂璎珞。修慧不修福,罗汉供应薄③。"正以其难兼耳。山翁发为此论,直是夫子自道。

江含徵曰:宁可拼一副菜园肚皮④,不可有一副酒肉面孔。

【注释】

① 福慧双修：指福德和智能都达到至善的境地。

② 陈鹤山：即陈翼，字鹤山，长洲人。少孤，既冠，以塾师为业。孔尚任至扬州为官，欣赏其文，延之入幕内。陈翼闻孔尚任格致之理，读其著作，遂师事之。两人相处三年，曾为孔校订《湖海集》。有《草堂集》。

③ "修福不修慧"几句：这四句相传是佛陀说的偈语，出自《杂譬喻经》。意在劝人福慧双修。佛教认为修福会得到富贵，但若不修慧就会富贵而愚痴，比如浑身挂满璎珞、供养丰厚的大象。若是只修慧不修福，就会开悟而穷苦，如证得阿罗汉果却无人布施。

④ 菜园肚皮：满腹粥菜，即生活清苦。典出三国魏人邯郸淳之《笑林》："有人常食蔬茹，忽食羊肉，梦五脏神曰：'羊踏破菜园。'"

【译文】

身为才子而又出身富贵，必定是从福和慧两方面共同修行得来的。

冒青若说：才子和富贵难以同时具备，若能利用富贵，才是真的才子，才是福与慧共同修行。世上难道没有既是才子又出身富贵的吗？只是自己贪恋，不能帮助别人，仍然是有福气没有智慧。

陈鹤山说：佛家说："修福报不修慧根，就如大象挂满璎珞。修慧根不修福报，就如阿罗汉只能得到很少布施。"正是说福与慧难以同时具备。山翁发出这一番议论，正是自己说自己。

江含徵说：宁可有一副清寒贫苦的菜园肚皮，不能有一张庸俗贪婪的酒肉面孔。

【点评】

　　福慧双修是佛教的说法,指的是既要修行佛理,增长智慧,也要播善缘、种福田,以获得福报。只有这两者同时共修,才能既有智慧,又享富贵。张潮少负才名,但是境遇不顺,中年坎坷,家道中落,难免心中不平,此处既有对"富贵才子"的羡慕,也有对自己的慰藉开解。

第二五则

新月恨其易沉①,缺月恨其迟上②。
孔东塘曰③:我唯以月之迟早为睡之迟早耳。
孙松坪曰:第勿使浮云点缀尘滓太清④,足矣。
冒青若曰:天道忌盈,沉与迟,请君勿恨。
张竹坡曰:易沉迟上,可以卜君子之进退。

【注释】

① 新月:农历每月初出的弯形的月亮,一般出现在农历初八前后。这时的月亮升起时间早,下落时间也比较早,所以后文说"恨其易沉"。现在称之为"上弦月"。

② 缺月:不圆的月亮,此处指的是月末的残月,一般出现在农历二十三前后,这时的月亮要到下半夜才升起,所以说"迟上"。现在称为"下弦月"。

③ 孔东塘：即孔尚任，字聘之，又字季重，号东塘、岸堂，别号云亭山人，清山东曲阜人。孔子六十四代孙。康熙二十五年（1686）由监生授国子监博士，官至户部员外郎。博学工诗文，通音律。以戏曲《桃花扇》负盛名，书凡三易稿而成。另有传奇《小忽雷》（与顾彩合撰），另刊刻有《湖海集》、《岸堂稿》、《长留集》、《阙里新志》等。

④ 第：只要，仅。尘滓：细小的尘灰渣滓，此处用作动词，指污染、弄脏。太清：天空。

【译文】

新月令人遗憾它下落得太快，残月令人遗憾它升起得太晚。

孔东塘说：我只是以月亮升起的早晚为睡觉的早晚罢了。

孙松坪说：只要不让浮云点缀污染天空，足够了。

冒青若说：天道忌恨圆满，易沉与迟升，请您不要遗憾。

张竹坡说：月亮的容易沉落与很晚升起，由此可以预测君子的进与退。

【点评】

张潮热爱自然之美和生活中的闲情，然而世间事物并不总是完满如意，享闲趣，便也要尝"闲愁"。月亮运行自有规律，"易沉"、"迟上"都只是作者自己的感受，此处的种种遗憾，便是生活中无法避免的闲愁。

第二六则

躬耕吾所不能①，学灌园而已矣②；樵薪吾所不能③，学薙草而已矣④。

汪扶晨曰⑤：不为老农而为老圃,可云半个樊迟⑥。

释菌人曰⑦：以灌园、薙草自任自待,可谓不薄。然笔端隐隐有"非其种者锄而去之"之意。

王司直曰：予自名为识字农夫,得无妄甚？

【注释】

① 躬耕：亲身从事农业生产。诸葛亮《出师表》："臣本布衣,躬耕于南阳。"

② 灌园：浇灌园圃。汉杨恽《报孙会宗书》："是故身率妻子,戮力耕桑,灌园治产,以给公上。"这些活跟农业生产比,相对轻松。

③ 樵薪：砍柴。

④ 薙(tì)草：除草。

⑤ 汪扶晨：即汪士铉,原名征远,字扶晨,号栗亭,又字文升,号退谷,安徽歙县人。康熙三十六年(1697)二甲第一名进士,官至左春坊左中允。有《长安宫殿考》、《全秦艺文志》、《栗亭诗集》等。

⑥ 樊迟：即樊须,字子迟。春秋末鲁国人(一说齐国人)。在其未拜孔子为师之前,他已在季氏宰冉求处任职。孔子回鲁后拜师。曾向孔子问稼圃,被孔子斥为小人。《论语·子路》："樊迟请学稼,子曰：'不如老农。'请学为圃。曰：'吾不如老圃。'樊迟出。子曰：'小人哉,樊须也！上好礼,则民莫敢不敬；上好义,则民莫敢不服；上好信,则民莫敢不用情。夫如是,则四方之民襁负其子而至矣,焉用稼？'"

⑦ 释菌人：即僧人释中洲。

【译文】

亲自耕种我做不到，学着浇灌园圃罢了；砍柴是我做不到的，学着拔除杂草还是能做到的。

汪扶晨说：不做老农而做老园翁，可以说是半个樊迟。

释菌人说：以灌溉园圃、拔除杂草来自我承担，可以说是不薄。然而笔端隐隐有不是他种的就要铲除而去的意思。

王司直说：我自称为识字农夫，是不是太狂妄了？

【点评】

耕种繁累，过于辛苦，读书人难以做到，但是种花灌园，既是亲自劳动，又能寄托兴致。两者都有隐居之意，种花却更为风雅。因此明代以来，艺园便成为文人隐逸修身的风尚，许多人自称有花木癖。如陈继儒便自称有"负花癖"，每到春分、秋分时节，便带着仆人"犯风露，废栉沐"，在田圃中栽植花木。他曾评论友人王仲遵的《花史》说："皆古人韵事，当与农书种树书并传。读此史者，老于花中，可以长世；披荆畚砾，灌溉培植皆有法度，可以经世；谢卿相灌园，又可以避世，可以玩世也。但飞而食肉者，不略谙此味耳。"张潮受这种风气影响，自从断绝仕途之念后，也开始了"不以艺稻粱而以莳花竹"与"弃农而学圃"的生活。

第二七则

一恨书囊易蛀，二恨夏夜有蚊，三恨月台易漏①，四恨菊叶多焦,五恨松多大蚁,六恨竹多落叶,七恨桂荷易谢,八恨薜萝藏虺②,九恨架花生刺③,十恨河豚多毒④。

江菂庵曰⑤:黄山松并无大蚁,可以不恨。

张竹坡曰:安得诸恨物尽有黄山乎?

石天外曰:予另有二恨,一曰才人无行,二曰佳人薄命。

【注释】

① 月台:旧时为赏月而筑的台。另外,三面有台阶、正殿前方突出的台也叫月台。

② 薜(bì)萝:薜荔和女萝。两者皆野生植物,常攀缘于山野林木或屋壁之上。《楚辞·九歌·山鬼》:"若有人兮山之阿,被薜荔兮带女萝。"虺(huǐ):毒蛇。

③ 架花:需要用架子来支撑的攀援类花木,如蔷薇、木香、荼蘼、紫藤等。这些花有很多都是带刺的。

④ 河豚:亦作"河鲀"。鱼名。肉味鲜美,肝脏、生殖腺及血液有剧毒,经处理后可食用。我国沿海和某些内河有出产。苏轼《惠崇春江晚景》中说:"蒌蒿满地芦芽短,正是河豚欲上时。"

⑤ 江菂(dì)庵:不详。

【译文】

我第一恨的是装书的袋子容易被虫蛀蚀,第二恨的是夏天夜晚有蚊子,第三恨的是赏月的高台容易漏坏,第四恨的是菊花的叶容易焦枯,第五恨的是松树上有很多大蚂蚁,第六恨的是竹子落叶太多,第七恨的是桂花、荷花容易凋谢,第八恨的是薜萝藤下藏有毒蛇,第九恨的是攀架的花枝上长着刺,第十恨的是河豚有毒。

江药庵说：黄山的松树上并没有大蚂蚁，可以不用憾恨。

张竹坡说：怎么能使各种所遗憾之物都生长于黄山呢？

石天外说：我另有两个憾恨，一个是有才华的人品行不好，一个是美人命运不好。

【点评】

世间事物总难时时圆满，张潮为此发了许多议论。这几恨既是表达自己的遗憾，也寄托了美好的期望，只是生活并不因人类的遗憾而稍作改变。这种以恨写愿望的方式非常新颖，朱锡绶也仿照这个在《幽梦续影》中写了三恨："余亦有三恨，一恨山僧多俗，二恨盛暑多蝇，三恨时文多套。"

第二八则

楼上看山，城头看雪，灯前看月，舟中看霞，月下看美人，另是一番情境。

江允凝曰[1]：黄山看云，更佳。

倪永清曰：做官时看进士，分金处看文人[2]。

毕右万曰[3]：予每于雨后看柳，觉尘襟俱涤[4]。

尤谨庸曰：山上看雪，雪中看花，花中看美人，亦可。

【注释】

[1] 江允凝：即江注，字允凝，一字允冰，号若米舫，安徽歙县人。善画山水，后来出家为僧。传世作品有《黄山图》等。著有《允

凝诗草》。

② 分金处看文人：分钱财的时候看文人的品行。

③ 毕右万：毕三复，字右万，安徽歙县人，著有《枞亭近稿》

④ 尘襟俱涤：世俗情怀被洗涤一空。

【译文】

高楼上遥望远山，城头上遥看雪景，华灯下看月亮，小船上看云霞，月光下看美人，别有一番情趣。

江允凝说：在黄山上看云，更好。

倪永清说：做官的时候看进士的志向，分钱财的时候看读书人的品行。

毕右万说：我经常在雨后看柳树，觉得世俗情怀都被洗涤一空。

尤谨庸说：在山上看雪，雪里看花，花丛里看美人，也很好。

【点评】

张潮对做事的"宜"与"不宜"非常注重，适宜才能营造出某种令人舒适的情调，而欣赏美好事物，更要考虑环境的烘托和陪衬。楼头看山，青青如黛；城头望雪，四野皆白，天地一新；灯前赏月，交相辉映；船上观霞，人与霞影一同起伏流动；至于月下观美人，朦胧中更添韵致。这些都是"生活的艺术"，懂得欣赏，人生便多出许多情调。

第二九则

山之光，水之声，月之色，花之香，文人之韵致，美人之姿态，皆无可名状①，无可执著②，真足以摄召魂梦③，颠倒情思④。

吴街南曰⑤：以极有韵致之文人，与极有姿态之美人，共坐于山水花月间，不知此时魂梦何如？情思何如？

【注释】

① 无可名状：没有办法形容。

② 执著：原为佛教语。指对某一事物坚持不放，不能超脱。《百喻经·梵天弟子造物因喻》："诸外道见是断常事已，便生执著，欺诳世间作法形象，所说实是非法。"此处指的是可见可触。

③ 摄召魂梦：魂牵梦萦，十分痴迷。

④ 颠倒情思：因爱慕而入迷，无法忘怀。

⑤ 吴街南：即吴肃公，字雨若，号晴岩，一号逸鸿，别号街南，安徽宣城人。生于明崇祯六年（1633），明末诸生，师事同邑人沈寿民，入清后不仕，以卖字行医为业，与黄宗羲、王猷定、徐枋、蒋平阶、李邺嗣、魏禧等交游，曾言"宋之天下亡于蒙古，而人心不与之俱亡"。文章似韩愈，后人称他"文不苟作，同时惟顾炎武能之"。著有《明语林》十四卷、《云间杂记》三卷、《街南文集》二十卷、《街南文集续集》七卷、《阐义》二十五卷等。

【译文】

山的光影，水的声响，月光的颜色，花的香气，文人的气韵风致，美人的容貌仪态，都不能用言语形容，无法刻意追求，这些确实足以令人魂牵梦萦，思慕入迷而无法忘怀。

吴街南说：让极有气韵风致的文人与有极佳容貌仪态的美人，相伴坐于山水间花前月下，不知这种时候神魂梦境是什么样子？情意又是什么样子?

【点评】

山光、水声、月色、花香、风韵、仪态,这些都是可以感知而难以描述的东西,相对之时,如梦如寐,但是"妙处难与君说"。类似的感悟,袁宏道也说起过:"世人所难得者唯趣。趣如山上之色,水中之味,花中之光,女中之态,虽善说者不能下一语,唯会心者知之。"(《叙陈正甫会心集》)

第三〇则

假使梦能自主,虽千里无难命驾①,可不羡长房之缩地②;死者可以晤对③,可不需少君之招魂④;五岳可以卧游⑤,可不俟婚嫁之尽毕⑥。

黄九烟曰:予尝谓鬼有时胜人,正以其能自主耳。

江含徵曰:吾恐"上穷碧落下黄泉,两地茫茫皆不见"也⑦。

张竹坡曰:梦魂能自主,则可一生死⑧,通人鬼,真见道之言也。

【注释】

① 虽:即使。命驾:命人驾车马,指立即动身。南朝刘义庆《世说新语·简傲》:"嵇康与吕安善,每一相思,千里命驾。"

② 长房:费长房,东汉汝南人,是古代著名的方士,能行缩地术,可化远为近,瞬息而至。晋代葛洪的《神仙传·壶公》:"费长

房有神术,能缩地脉,千里存在,目前宛然,放之复舒如旧也。"

③ 晤(wù)对:会面交谈。

④ 少君:应为"少翁"之误。李少翁为汉武帝时方士。曾以方术为武帝招已卒王夫人(一说为李夫人)之魂魄,被拜为文武将军。《史记·孝武本纪》:"上有所幸王夫人,夫人卒,少翁以方术,盖夜致王夫人及灶鬼之貌云,天子自帷中望见焉。"张守节正义:"《汉书》作'李夫人'。"

⑤ 卧游:本指欣赏山水画、游记、图片等代替游览。语出《宋书·宗炳传》:"澄怀观道,卧以游之。"此处意思应为神游。

⑥ 俟(sì):等到。婚嫁:指儿女的婚娶嫁送之事。毕:完成。

⑦ 上穷碧落下黄泉,两地茫茫皆不见:这两句诗出自唐代诗人白居易的《长恨歌》,指寻遍九天之上和九地之下,却还是茫然无获。碧落,道教语。指天空。黄泉,指人死后埋葬的地方,阴间。

⑧ 一生死:即"一死生",指生和死视为一物。语出晋代书法家王羲之《兰亭集序》:"固知一死生为虚诞,齐彭殇为妄作。"

【译文】

　　假如梦境能够自己做主,即使远隔千里也不难前往,可以不必羡慕费长房的缩地之术了;假如能和死去的人见面,那么就不需要李少翁的招魂之术了;假如五岳可以躺在床上神游,那就可以不必等儿女婚嫁之事全部完毕了。

　　黄九烟说:我曾经说鬼有时候胜过人,正是因为他能够自己做主。

　　江含徵说:我只恐怕"上穷碧落下黄泉,两地茫茫皆不见"。

张竹坡说:梦境魂魄能够自己做主,则可以将生与死等同一物,往来人鬼之间,真是洞彻真理的言辞。

【点评】

如果梦境能够由自己做主的话,那么现实生活中无法实现的愿望、不能一见的人,都可以在梦中得到满足。这是作者在现实生活的种种无可奈何之后,生出的一点痴心之想,然而即使是这一点痴望,也是难以实现的。张潮熟悉的陆绍珩早说过:"费长房,缩不尽相思地;女娲氏,补不完离恨天。"

第三一则

昭君以和亲而显①,刘蕡以下第而传②,可谓之不幸,不可谓之缺陷。

江含徵曰:若故折黄雀腿而后医之,亦不可。

尤悔庵曰:不然,一老宫人③,一低进士耳④。

【注释】

① 和亲:指封建王朝利用婚姻关系与边疆各族统治者结亲和好。
显:传扬,显扬。
② 刘蕡(fén):字去华,昌平人。唐文宗太和二年(828),他应贤良对策,论宦官之害,考官畏宦官之势而不敢取他。他去世后,李商隐有《哭刘蕡》诗:"平生风义兼师友,不敢同君哭寝门。"下第:科举时代考试不中者称下第,又称落第。传:名声

传扬。

　　③ 老宫人：年老的宫女。

　　④ 低进士：年轻的进士。

【译文】

　　王昭君因为出塞和亲而闻名；刘蕡因为落第而名传天下，他们的命运可以称得上是不幸，但不能说是有缺陷。

　　江含徵说：要是故意折断黄雀的腿然后再替它医治，也不可以。

　　尤悔庵说：不这样的话，不过是一个年老的宫女，一个年轻的进士罢了。

【点评】

　　王昭君虽然远嫁番邦，终生不能得返，但她却因此而扬名天下，为后世诗人所歌颂。刘蕡于科举时直言宦官之害，因此被黜而不取，但却激起天下人的赞叹。这两个人的命运对他们个人来说都是很不幸的，但是却并不能称得上缺憾。张潮仕途不得意，这条既表明了自己对他们的同情，也有宽慰之情，态度比较豁达。

第三二则

　　以爱花之心爱美人，则领略自饶别趣①；以爱美人之心爱花，则护惜倍有深情。

　　冒辟疆曰②：能如此，方是真领略、真护惜也。

　　张竹坡曰：花与美人何幸，遇此东君③！

【注释】

① 领略：领会，欣赏。饶：富有，丰足。别趣：特殊的韵味、趣味。

② 冒辟疆：冒襄，字辟疆，号巢民，明末清初江南如皋人。明崇祯十五年(1642)副贡，与方以智、陈贞慧、侯方域友善，并称"四公子"。入清后以友朋文酒为乐，不受博学鸿词荐。所居水绘园为当时名园。有《朴巢诗文集》、《水绘园诗文集》、《影梅庵忆语》等。

③ 东君：东家。对主人的尊称。

【译文】

以爱花的心意去爱美人，便会领会感受到另外一种情趣；以爱美人的心理去爱花，那么对花的爱护怜惜之情也会加倍深。

冒辟疆说：能这样，才是真的领会欣赏、真的爱护怜惜。

张竹坡说：花与美人是多么幸运，遇到这样的主人！

【点评】

喜爱美人之心，人人都有，但是爱美人的方式，却极少有人能懂。张潮以爱花之心，珍惜、护侍佳人，如此一来，自然可以感受到另外一种情趣。以爱美人之心来爱惜花朵，爱惜之情自然会极为深重，同时也更能领略花的娇美。苏轼的《海棠》诗中说"只恐夜深花睡去，故烧高烛照红妆"，这便是以爱美人之心爱花。

第三三则

美人之胜于花者，解语也①；花之胜于美人者，生香也。二者不可得兼,舍生香而取解语者也。

王勿翦曰②:飞燕吹气若兰③,合德体自生香④,薛瑶英肌肉皆香⑤,则美人又何尝不生香也。

【注释】

① 解语:会说话。唐玄宗曾以"解语花"来称赞杨贵妃,后世多以此来比喻美女。

② 王勿翦(jiǎn):即王棠,字勿翦,号燕在阁,安徽歙县人。著有《燕在阁文集》,曾仿顾炎武的《日知录》而作《知新录》。

③ 飞燕:即赵飞燕,西汉成帝第二任皇后,赵飞燕体态轻盈,身轻如燕,传说中能作掌上舞,关于她的野史逸书很多,尤以《西京杂记》、《飞燕外传》最为影响深远。吹气若兰:形容美女嘴里呼出的气息像兰花的香气。出自三国时期魏曹植的《美女篇》:"顾盼遗光采,长啸气若兰。"

④ 合德:汉代美女。赵飞燕之妹。相传其肤滑体香,为卷发,号新髻,为薄眉,号远山黛。后为成帝所幸,谓为"温柔乡"。

⑤ 薛瑶英:唐宰相元载的宠妾,传说她"仙姿玉质,肌香体轻"。《全唐诗》有:"元载末年,纳薛瑶英为姬,以体轻不胜重衣,于外国求龙绡衣之,惟至及杨炎与载善,得见其歌舞,各赠诗。"贾至的《赠薛瑶英》诗:"舞怯铢衣重,笑疑桃脸开。方知汉成帝,虚筑避风台。"

【译文】

美人胜过娇花的地方,在于她善解人意;娇花胜过美人的地方,在于它能够散发香气。这二者不能同时拥有,就舍弃生香的鲜花而选择善解人意的美人。

王勿翦说：赵飞燕呼吸的气息如兰花一般，赵合德身体天生散发香气，薛瑶英的皮肉都有香味，可见美人又何尝不会散发香气。

【点评】

人们常以花来譬美人，花朵娇美明艳，美人温柔解语，同样动人。张潮舍真花而取"解语花"，也有人却偏偏爱选自然之花。唐寅写过一首《妒花歌》，说的就是人与花之间的选择："昨夜海棠初着雨，数朵轻盈娇欲语。佳人晓起出兰房，将来对镜比红妆。问郎花好奴颜好？郎道不如花窈窕。佳人见语发娇嗔，不信死花胜活人。将花揉碎掷郎前：请郎今夜伴花眠！"

第三四则

窗内人于窗纸上作字，吾于窗外观之，极佳。

江含徵曰：若索债人于窗外纸上画，吾且望之却走矣。

【译文】

窗子里面的人在窗户纸上写字，我在窗外看，这种情景非常妙。

江含徵说：若是讨债的人在窗外的纸上画字，我望见就要躲开了。

【点评】

日本诗人小林一茶有一首俳句："真美啊，透过纸窗破洞，看银河。"与这一则有内外相映之趣。文中是以外观内，看的是人的风姿，而俳句则是由内向外仰观宇宙，一窥自然的美与奇。两种不同视角，正可参看。

另外，俳句中的"窗纸破洞"又有本书另一则"景有言之极幽而实萧索者"之意，只是正好相反，算是处极萧索之境而见天地之美。

第三五则

少年读书，如隙中窥月①；中年读书，如庭中望月②；老年读书，如台上玩月③。皆以阅历之浅深，为所得之浅深耳。

黄交三曰：真能知读书痛痒者也。

张竹坡曰：吾叔此论，直置身广寒宫里，下视大千世界，皆清光似水矣。

毕右万曰：吾以为学道亦有浅深之别。

【注释】

① 隙中窥月：从缝隙中窥看月亮，只能见到局部，比喻读书只见部分，不能理解全貌。
② 庭中望月：在庭院中举头望月，比喻读书以能够把握全貌，已经能够真正理解，较窥月有所进步。
③ 台上玩月：在通透高筑的月台上赏月，比喻读书已能从容取舍，自在随心，得其要旨。

【译文】

少年时读书，就好像从缝隙中窥看明月；中年时读书，就像站在庭院中仰头望月；老年时读书，就像独立高台赏玩明月。这些都是因为人生阅历的深浅不同，决定了读书所领悟程度的深浅不同。

黄交三说：是真能知道读书紧要之处的人。

张竹坡说：我叔的这番议论，简直如置身广寒宫中，向下看大千世界，都是清辉如水一般。

毕右万说：我认为学道也有浅与深的分别。

【点评】

《世说新语·文学》中有一则，谈论南人与北人的学问区别。"褚季野语孙安国云：'北人学问，渊综广博。'孙答曰：'南人学问，清通简要。'支道林闻之曰：'圣贤固所忘言。自中人以还，北人看书，如显处视月；南人学问，如牖中窥日。'"支道林认为北方人读书，如同在明亮的地方看月亮，博而不精，视野广阔，但并不周密；南方人做学问如同从窗户中看月亮，精而不博，见识深远，但视野狭隘。此处化用支道林的譬喻，用在读书的不同境界上，非常妥帖。

第三六则

吾欲致书雨师①：春雨宜始于上元节后观灯已毕②，至清明十日前之内雨止桃开及谷雨节中③；夏雨宜于每月上弦之前及下弦之后免碍于月④；秋雨宜于孟秋、季秋之上下二旬八月为玩月胜境⑤；至若三冬⑥，正可不必雨也。

孔东塘曰：君若果有此牍⑦，吾愿作致书邮也⑧。

余生生曰⑨：使天而雨粟⑩，虽自元旦雨至除夕，亦未为不可。

张竹坡曰：此书独不可致于巫山雨师。

【注释】

① 致书：给别人写信。雨师：古代传说中司雨的神。
② 观灯：观看花灯。古代有在上元观灯的风俗。
③ 清明：农历二十四节气之一。在公历四月五日前后。《月令七十二候集解》："三月节……物至此时，皆以洁齐而清明矣。"谷雨：也是农历二十四节气之一，在清明之后。
④ 上弦：上弦月。农历每月的初七或初八，在地球上看到月亮呈月牙形，其弧在右侧。这种月相叫"上弦"。
⑤ 孟秋：秋季的第一个月，农历七月。
⑥ 三冬：冬季三月。
⑦ 牍（dú）：书信。
⑧ 致书邮：送信人。《世说新语·任诞》："殷洪乔作豫章郡，临去，都下人因附百许函书。既至石头，悉掷水中，因祝曰：'沉者自沉，浮者自浮，殷洪乔不能作致书邮。'"
⑨ 余生生：即余奋，字生生，号钝庵，四川青神人。有《增益轩诗草》。
⑩ 雨粟：天上降下粟谷。

【译文】

我想给掌管下雨的神明写封信：春雨应该在上元节之后开始下已经看完了花灯，停于清明前十天之内雨停了，桃花也绽放了和谷雨节期间；夏天的雨应该下在每月的上弦之前以及下弦之后免得妨碍月亮出现；秋雨应该下在孟秋和季秋的上下两旬八月是赏月的最佳时候；至于冬天嘛，正好可以不必下雨。

孔东塘说：您要是真有这封信，我愿意做送信人。

余生生说:假使天上下的是粟谷,就是从元旦落到除夕,也不是不可以。

张竹坡说:这封信唯独不能送给巫山雨师。

【点评】

张潮是一个喜欢月亮、热爱赏花、乐于过节的人,而对于这样的人来说,月夜、花朝、佳节若赶上下雨则是大大不妙,最好雨都落在没有月亮的晚上。若是雨师可以听人劝,作者便一定要拉住他说一说心愿:春天的雨应该下在上元节赏完花灯之后,停在清明节前,雨停后,桃花开,正是携酒赏花天。夏天的雨应该下在每月初七八之前和二十三之后,因为这些日子要么见不到月亮,要么月亮迟升早落,即使见到也是枯瘦伶仃,并不美。秋天的雨应该下在孟秋和季秋的上下两旬,因为仲秋正是赏月的最佳时节,千万不能下雨。冬天的雨嘛,正好可以不下。这一则一派天真,作者雅得有点痴气,但正是因为这一点痴心,可以看出作者对自然、对美的热爱。

第三七则

为浊富①,不若为清贫;以忧生②,不若以乐死。

李圣许曰:顺理而生,虽忧不忧;逆理而死,虽乐不乐。

吴野人曰③:我宁愿为浊富。

张竹坡曰:我愿太奢,欲为清富,焉能遂愿!

【注释】

① 浊富：不仁而富。
② 以忧生：指在忧患穷愁之中生存。
③ 吴野人：即吴嘉纪，字宾贤，号野人，江苏泰州人。出生于盐民之家，少时多病，关心穷苦百姓，明末诸生。入清不仕，隐居泰州安丰盐场，"每岁水至，常及半扉，井灶尽塌，苦吟不辍"。吴嘉纪工诗，其诗法孟郊、贾岛，语言简朴通俗，内容多反映百姓贫苦，以"盐场今乐府"诗闻名于世，得周亮工、王士禛之赏识，汪懋麟评"五七言近体，幽峭冷逸，……自脱拘束。至所为今乐府诸篇，即事写情，变化汉、魏痛郁朴远，自为一家之言"。著有《陋轩诗集》等。

【译文】

当一个心地不仁的富人，不如当有操守的穷人；在忧愁苦闷中生存，不如达观快乐地死去。

李圣许说：顺应天理而生，虽然身处忧虑的境地也不值得忧虑；不顺应天理而死，虽然痛快也不快乐。

吴野人说：我宁愿做心地不仁的富人。

张竹坡说：我的愿望太过奢侈，想要做有操守的富人，怎么能够实现愿望！

【点评】

人应该以怎样的态度来面对贫富和生死？每个人都有自己的选择，因此也就有了不同的人生面貌和生存之道。此处，作者也给出了自己的答案：宁愿做一个清正而贫寒的人，不要做为富不仁的人。宁愿达观快乐地死去，而不要在忧愁苦闷中生存。前者是儒家精神的体现,是颜回的那种"人不堪其忧,回也不改其乐"的状态。后者则是强调要乐观豁达地面对人生,不要在忧愁苦闷中失去人生的意义和追求。

第三八则

天下唯鬼最富,生前囊无一文,死后每饶楮镪①;天下唯鬼最尊,生前或受欺凌,死后必多跪拜。

吴野人曰:世于贫士,辄目为穷鬼,则又何也?

陈康畴曰②:穷鬼若死,即并称尊矣。

【注释】

① 楮镪(chǔ qiǎng):祭供时焚化用的纸钱。楮,落叶乔木,树皮是制造桑皮纸和宣纸的原料,古人以此代称纸。镪,钱贯,引申为钱,明清时多指银子。

② 陈康畴(chóu):即陈均,字康畴,安徽歙县人。著有《画眉笔谈》。

【译文】

天下只有鬼最富有,生前袋子里没有一文钱,死后总有许多纸钱纸锭可供享用;天下只有鬼最尊贵,生前有的要受到欺侮凌辱,死后却必定被许多人跪拜。

吴野人说:世间的贫穷读书人,总被视为穷鬼,这又是什么缘故呢?

陈康畴说:穷鬼要是死了,就也称尊贵了。

【点评】

人生实难,活着的时候要面对各种问题,会身处贫病之中,会遭斥辱欺凌。然而死后却一反其态,变成富有与尊贵者。这一则不仅有作者对"事鬼神"的批判和讽刺,也有对人世的慨叹与悲悯,在做"鬼"的快意之下,是为人的悲苦。

第三九则

蝶为才子之化身①,花乃美人之别号②。

张竹坡曰:"蝶入花房香满衣",是反以金屋贮才子矣③。

【注释】

① 化身:指人或事物所转化的种种形象。此处化用"庄周梦蝶"的典故。
② 别号:正名以外的名字、代称。
③ 金屋:化用"金屋藏娇"的典故。汉武帝幼小时喜爱阿娇,并说如能娶她为妻,就要让她住在金屋里。后指以华丽的房屋让所爱的妻妾居住。

【译文】

蝴蝶是才子转化所成的形体,花朵是美人的另外一个名字。

张竹坡说:"蝶入花房香满衣",是反倒用金屋贮藏才子了。

【点评】

花朵外形娇艳、芬芳袭人,自古以来就常代指美人,美是她们共同的姿态。作者把蝴蝶比成才子,一是因为才子爱慕风流,喜欢风花雪月,另外,蝴蝶花间翩翩,以它为才子,也寄托了作者美好的愿望:希望美人与才子能相知相伴,互不辜负,也不负春光。

第四〇则

因雪想高士,因花想美人,因酒想侠客,因月想好友,因山水想得意诗文。

弟木山曰:余每见人一长一技,即思效之;虽至琐屑,亦不厌也。大约是爱博而情不专。

张竹坡曰:多情语,令人泣下。

尤谨庸曰:因得意诗文想心斋矣。

李季子曰[①]:此善于设想者。

陆云士曰:临川谓"想内成,因中见"[②],与此相发。

【注释】

① 李季子:即李淦。

② 临川:指即汤显祖,明抚州府临川人,初字义少,改字义仍,号海若、若士、清远道人、茧翁。早有文名,不应首辅张居正延揽而四次落第。万历十一年(1583)进士。官南京太常博士,迁礼部主事。以疏劾大学士申时行,谪徐闻典史。后迁遂昌知县,不附权贵,被削职。归居玉若堂,专心戏曲,卓然为大家。与早期东林党领袖顾宪成、高攀龙、邹元标及当时著名文人袁宏道、沈茂学、

屠隆、徐渭、梅鼎祚等相友善。有《紫钗记》(《紫箫记》改本)、《牡丹亭》、《邯郸记》、《南柯记》，合称"玉茗堂四梦"或"临川四梦"。另有诗文集《红泉逸草》、《问棘邮草》、《玉茗堂集》。想内成，因中见：指因想象而生，一切事都因缘而成。出自《牡丹亭·惊梦·鲍老催》中的唱词："这是景上缘，想内成，因中见。"

【译文】

看到雪便想起隐逸的高洁之人，看到花便想到漂亮的女子，因为饮酒而想到豪爽的侠士，看到月亮而思念好友，看到山水佳景而想起平生最满意的诗文。

弟木山说：我每见到别人有一个长处一种技艺，便想要学习；即使极为琐碎，也不厌烦。大概是爱好广博而用情不专一。

张竹坡说：多情的言语，令人感动流泪。

尤谨庸说：因为有了满意的诗文而想念心斋。

李季子说：这是善于设想。

陆云士说：汤显祖说"想内成，因中见"，与这一条相互阐发印证。

【点评】

张潮在前面第一一则中说："赏花宜对佳人，醉月宜对韵人，映雪宜对高人。"既然景物与人有"相宜"，那么不能与这些友人同游的时候，便难免会因景生情，因物怀人。这两则彼此映衬，互为印证。

第四一则

闻鹅声如在白门[①]，闻橹声如在三吴[②]，闻滩声如在浙江[③]，闻骡马项下铃铎声④,如在长安道上⑤。

聂晋人曰⑥:南无观世音菩萨摩诃萨⑦!

倪永清曰:众音寂灭时⑧,又作么生话会⑨。

【注释】

① 白门:南京的别名,六朝皆都建康,其正南门为宣阳门,俗称白门,故以此代称南京。因为南京鹅比较多,所以说听到鹅声如在南京。

② 橹声:摇桨声。三吴:泛指长江下游一带,这里多水路。

③ 滩声:水激滩石发出的声音。南朝梁元帝《巫山高》诗:"滩声下溅石,猿鸣上逐风。"浙江:即浙江,是钱塘江的古称,意为曲折的江水。

④ 铃铎(duó):铃铛,此处指挂在牲畜脖子上的铃铛。

⑤ 长安道:长安城内的街道。

⑥ 聂晋人:即聂先,字晋人,号乐读居士,庐陵人。曾编撰《续指月录》,又选有《百家名词》、《唐人咏物诗》)。

⑦ 南无观世音菩萨:观世音菩萨的名号,古人认为称念观音名号可以脱离苦厄与三毒。摩诃萨:摩诃萨埵,佛教名词,意译为大士、圣士、超士、高士等,指进入圣位的大菩萨,一般认为指七地以上的菩萨。"摩诃萨"常被放在"菩萨"后,以示该菩萨的崇高地位及其无边法力。

⑧ 寂灭:佛教语。是"涅槃"的意译,本指超脱生死的理想境界。《无量寿经》卷上:"超出世间,深乐寂灭。"此处指沉寂灭绝。

⑨ 作么生：干吗，做什么。

【译文】

听到鹅声就好像身在南京，听到桨橹声就好像人处三吴，听到湍急的滩头浪声就好像在浙江，听到骡马脖子下的铃铛响，就好像行在长安的大道上。

聂晋人说：南无观世音菩萨摩诃萨！

倪永清说：所有声音都沉寂灭绝的时候，又做什么话会？

【点评】

声音容易勾起人们对相似事物的回忆，像是旧事留下的索引。鹅声与白门，橹声与吴地，滩声与浙江，铃铛声与长安道，与声音相对应的是旧日生活的遗迹，这种对应拉近了时空的感受，也体现了作者对生活敏锐的观察和感知能力。

第四二则

一岁诸节，以上元为第一，中秋次之，五日、九日又次之①。

张竹坡曰：一岁当以我畅意日为佳节。

顾天石曰：跻上元于中秋之上，未免尚耽绮习②。

【注释】

① 五日：即五月初五的端午节。九日：即九月初九的重阳节。

② 耽：沉迷。绮习：浮艳的风习。

【译文】

　　一年之中的各种节日,我认为上元节最好,中秋节略次,端午节和重阳节又更次些。

　　张竹坡说:一年之中以我最舒畅快意的日子为佳节。

　　顾天石说:将上元节置于中秋节之上,未免仍沉迷于浮艳风习。

【点评】

　　古代的上元节是极为重要的节日,热闹非凡,张潮认为这是一年之中最好的节日,但顾天石却认为作者这是沉溺于世俗热闹。

第四三则

　　雨之为物,能令昼短,能令夜长。

　　张竹坡曰:雨之为物,能令天闭眼,能令地生毛,能为水国广封疆。

【译文】

　　雨这个东西,能使白天变短,也能让夜晚变长。

　　张竹坡说:雨这个东西,能令天闭上眼睛,能让地上长出草木,能为水国扩充疆域。

【点评】

　　雨声缠绵,天色昏暗,在人看来,白昼变短了,仿佛一直是昏昏长夜,这些都是人们的感受,作者却说"令",使雨具有了主动性。作者以此概括了雨天带给人们的感受,新奇而独特。

第四四则

古之不传于今者,啸也、剑术也、弹棋也、打毬也①。
黄九烟曰:古之绝胜于今者,官妓、女道士也②。
张竹坡曰:今之绝胜于古者,能吏也、猾棍也、无耻也③。
庞天池曰:今之必不能传于后者,八股也④。

【注释】

① 啸:撮口作声,打口哨。弹棋:也称为象棋,一种古老的弹局游戏。虽冠有棋名,但不是棋类游戏。晋代徐广有《弹棋经》:"弹棋,二人对局。黑白各六枚。先列棋相当,下呼上击之。"打毬:蹴鞠或是马球。蹴鞠是古代的一种踢球游戏。南朝梁宗懔《荆楚岁时记》中就有记载。马球是古代一种在马上打球的运动,盛行于唐宋。

② 官妓:旧时入乐籍的女妓,清朝康熙时废止此制。

③ 能吏:能干的官吏。猾棍:奸猾的恶人。无耻:无耻之徒。

④ 八股:明清科举考试的一种文体,也称制艺、制义、时艺、时文、八比文。其体源于宋元的经义,而成于明成化以后,至清光绪末年始废。文章就四书取题。开始先揭示题旨,为"破题"。接着承上文而加以阐发,叫"承题"。然后开始议论,称"起讲"。再后为"入手",为起讲后的入手之处。以下再分"起股"、"中股"、"后股"和"束股"四个段落,而每个段落中,都有两股排比对偶的文字,合共八股,故称八股文。其所论内容,

都要根据宋代朱熹《四书集注》等书"代圣人立说",不许作者自由发挥。

【译文】

古代有却没能流传到现在的有:长啸、剑术、弹棋、打毬。

黄九烟说:古代远胜于如今的,是官妓、女道士。

张竹坡说:如今远胜于古代的,是能干的官吏、狡猾的恶棍、无耻之徒。

庞天池说:现今必定不能传之于后世的,是八股文。

【点评】

关于"啸",最著名的是阮籍遇孙登的故事。阮籍是"竹林七贤"之一,善于长啸,《晋书·阮籍传》中说他曾经在苏门山遇到孙登,和孙登探讨长生、神仙、道气的法术。孙登都不答话。阮籍于是长啸离开。等到了半山腰的时候,他听到有像鸾凤一样的声音在岩谷响起,原来是孙登的啸声。

第四五则

诗僧时复有之,若道士之能诗者,不啻空谷足音①,何也?

毕右万曰:僧道能诗,亦非难事。但惜僧道不知禅玄耳。

顾天石曰:道于三教中原属第三②,应是根器最钝人做③,那得会诗?轩辕弥明④,昌黎寓言耳⑤。

尤谨庸曰:僧家势利第一,能诗次之。

倪永清曰:我所恨者,辟谷之法不传⑥。

【注释】

① 不啻：无异于，如同。空谷足音：空旷的山谷里听到人的脚步声。比喻十分难得，极为可贵。
② 三教：佛教传入我国后，称儒、道、释为"三教"。《北史·周本纪下》："十二月癸巳，集群官及沙门道士等，帝升高座，辨释三教先后。以儒教为先，道教次之，佛教为后。"
③ 根器：佛教语。指人的禀赋、气质。钝：笨拙。
④ 轩辕弥明：唐代衡山道士，宪宗元和七年（812）入长安，与刘师复、侯喜作《石鼎联句》诗，造句奇警。据云当时已九十余岁，且能捕逐鬼神。韩愈《石鼎联句诗序》说轩辕弥明诗高古出群，后人疑为寓言。事迹见《韩昌黎诗系年集释》卷八、《太平广记》卷五五引《仙传拾遗》。《全唐诗》除收联句外，又存玄宗开元二年（714）《谒尧帝庙》诗一首。
⑤ 昌黎：即唐代文学家韩愈，字退之，他世居颍川，常据先世郡望自称昌黎人。宋熙宁七年（1074）诏封昌黎伯，后世因尊称他为昌黎先生。
⑥ 辟谷：古代道士用来修炼的一种方法，通常在辟谷期间不吃五谷，不吃用火烹制的食物，但仍食药物，并须兼做导引等功夫。

【译文】

以能诗出名的和尚时常有，但是身为道士又能写诗的人，就如同空山里的脚步声一样稀罕，为什么呢？

毕右万说：僧人道士能够写诗，也并不是什么困难的事。只可惜僧人道士不懂谈禅说玄。

顾天石说：道教在三教之中原本就属于第三等，应该是根器最钝的人从事的，哪里能会写诗？轩辕弥明联句作诗，不过是昌黎先生写的寓言故事罢了。

尤谨庸说：僧人最重势利，能写诗在其次。

倪永清说：我所遗憾的，是辟谷的方法没有流传下来。

【点评】

古代僧人能诗者很多，大都有比较不错的修养。另外佛教典籍中有许多偈语，受其影响，僧人也爱用类似方式阐发对佛法的理解或自己的所悟。比较著名的诗僧有唐代的寒山、拾得、齐己、贯休，创作出《诗式》的皎然也是当时有名的僧人，他们的诗艺术水平相对较高，比较出名。根据《全唐诗》的记载，其实能写诗的道士数量比僧人更多，只是水平普遍不高，不为人知罢了。

第四六则

当为花中之萱草①，毋为鸟中之杜鹃②。

【注释】

① 萱草：俗称金针菜、黄花菜，多年生宿根草本，花漏斗状，橘黄色或橘红色，无香气，可作蔬菜，或供观赏。根可入药。古人认为种植此草，可以使人忘忧，因称忘忧草。汉代蔡琰的《胡笳十八拍》中有"对萱草兮忧不忘，弹鸣琴兮情何伤"之句。

② 杜鹃：又名杜宇、子规。相传为古蜀王杜宇之魂所化。春末夏初，常昼夜啼鸣，其声哀切。南朝宋鲍照《拟行路难》诗之六：

"中有一鸟名杜鹃,言是古时蜀帝魂。其声哀苦鸣不息,羽毛憔悴似人髡(kūn)。"

【译文】

要做花中令人见之忘忧的萱草,不要做鸟中啼声令人伤心的杜鹃。

【点评】

萱草,也叫忘忧草,古人认为它可以令人忘记忧愁。杜鹃,也叫杜宇,相传是望帝所化,每到春来便哀哀鸣叫,声音像在呼唤"不如归去",古人常用它来抒发哀愁与悲伤。人生之中难免遇到坎坷苦辛,面对忧患,每个人的态度也不尽相同。萱草、杜鹃,前者忘忧,后者啼血,作者生活于朝代改易之际,社会动荡,人心不安,本就更为艰难,但他却依然苦中寻乐,愿意朝着忘忧的方向去。

第四七则

物之稚者皆不可厌,惟驴独否。

黄略似曰:物之老者皆可厌,惟松与梅则否。

倪永清曰:惟癖于驴者,则不厌之。

【译文】

幼小的动物都不令人讨厌,只有驴不是。

黄略似说:物中的苍老者都令人讨厌,只有松树和梅树不是这样的。

倪永清说：只有癖爱驴的人不讨厌它。

【点评】

驴子外形丑陋，声音嘶哑难听，张潮认为即使是幼年的小驴子也很令人讨厌，但倪永清的评论却说得很对——有驴癖的人不会讨厌它。《世说新语》中有两则和驴子有关的故事，可算是"癖于驴"的故事。一则是说王粲喜欢听驴叫，下葬的时候，魏文帝参加葬礼，对往日与其同游的人说："王仲宣喜欢听驴叫，大家应该各学一声驴叫来送他。"于是去吊丧的客人都各自学了一声驴叫。另一则是说王武子去世，当时有名望的人都来吊丧。一向敬服他的孙子荆后到，在遗体前痛哭，宾客无不感动得落泪。孙子荆哭完之后，朝着灵床说："你平常喜欢听我学驴叫，现在我再为你学一次。"他学得声音非常像真正的驴叫，宾客们都笑了。孙子荆抬起头说："让你们这些人活着，却让这个人死了！"

第四八则

女子自十四五岁至二十四五岁，此十年中，无论燕秦吴越①，其音大都娇媚动人。一睹其貌，则美恶判然矣。"耳闻不如目见"，于此益信。

吴听翁曰②：我向以耳根之有余，补目力之不足。今读此，乃知卿言亦复佳也。

江含徵曰：帘为妓衣③，亦殊有见。

张竹坡曰：家有少年丑婢者，当令隔屏私语、灭烛侍寝，何如?

倪永清曰:若逢美貌而声恶者,又当如何?

【注释】

① 燕秦吴越:燕是河北,秦即今天陕西地区,吴越指的是江浙地区,这几个地方各在不同方位,泛指东西南北各地。

② 吴听翁:即吴绮。

③ 帘为妓衣:出自《梁书·夏侯亶传》:"(亶)晚年颇好音乐,有妓妾十数人,并无被服姿容。每有客,常隔帘奏之,时谓帘为夏侯妓衣也。"

【译文】

女子从十四五岁到二十四五岁,这十年内,不论在燕地、秦地、吴地、越地哪个地方,她们的声音大多数都娇媚动听。然而一看她们的样子,就美丑分明了。"耳朵听到的不如亲眼所见的"这一道理,通过这件事更令人信服。

吴听翁说:我一向以听力的余裕来弥补视力的不足。如今读到这一则,才知道您说的也很对。

江含徵说:帘子是乐妓的衣服,也非常有见地。

张竹坡说:家里有年轻貌丑的婢女,应当让她隔着屏风低声说话、熄灭蜡烛之后侍寝,怎么样?

倪永清说:若是遇到相貌美丽而声音难听的人,又该怎么办?

【点评】

人的声带也是会衰老的,十四五岁之后童声变去,女性由于荷尔蒙的缘故,声音较男性清亮,年轻时声带弹性良好,声音圆润响亮,大都比较好听。但是随着年纪渐长，声带老化松弛，声音也会变得较为嘶哑低沉。虽然女性年轻时候的嗓音状态都不错，但音高音色也并不相同，一样存在美丑的差别，只是并不像容貌那样显而易见罢了。

第四九则

寻乐境，乃学仙①；避苦趣②，乃学佛。佛家所谓"极乐世界"者③，盖谓众苦之所不到也。

江含徵曰：着败絮行荆棘中④，固是苦事；彼披忍辱铠者⑤，亦未得优游自到也。

陆云士曰：空诸所有，受即是空，其为苦乐，不足言矣。故学佛优于学仙。

【注释】

① 学仙：学习道家的所谓长生不老之术。
② 苦趣：佛教指地狱、饿鬼、畜生这三种"恶道"，都是轮回中的受苦之处。也泛指苦处。趣，同"趋"。
③ 极乐世界：佛教中指有乐无苦的世界，音译为"须摩提"，又称"西方极乐世界"、"安乐世界"、"西方净土"、"阿弥陀佛净土"，是佛教中阿弥陀佛成佛时，依因地修行所发四十八大愿所感之庄严、清净佛国净土。《阿弥陀经》载："从是西方，过十万亿佛土，有世界名曰极乐……其国众生，无有众苦，但受诸乐，故名极乐。"所以下文说"盖谓众苦之所不到也"。

④ 着败絮行荆棘中：穿着破旧的棉衣行走在荆棘之中，喻指辛苦沉重、牵绊众多的世俗生活。出自明代文学家袁宏道的《孤山小记》："孤山处士，妻梅子鹤，是世间第一种便宜人。我辈只为有了妻子，便惹许多闲事，撇之不得，傍之可厌，如衣败絮行荆棘中，步步牵挂。近日，雷峰下有虞僧孺，亦无妻室，殆是孤山后身。所著《溪上落花诗》，虽不知于和靖如何，然一夜得百五十首，可谓迅捷之极。至于食淡参禅，则又加孤山一等矣，何代无奇人哉！"

⑤ 忍辱铠：佛教用语。是袈裟的别名，佛教认为忍辱能防一切外难，故以铠甲为喻。《法华经·持品》："恶鬼入其身，骂詈毁辱我。我等敬信佛，当着忍辱铠。"也简称作"忍铠"。《大智度论》中有："忍铠心坚固，精进弓力强。"

【译文】

想要寻求乐土，就学道家神仙术；想要躲避生的苦闷，就学佛法。佛教所说的极乐世界，指的是各种苦难都不能到达的地方。

江含徵说：穿着破败的棉衣行走在荆棘丛中，固然是苦事；那些披着袈裟的人，也没能获得从容自在的境界。

陆云士说：将一切视为虚空，所承受的就是虚空，所谓苦与乐，更不足说。所以学佛比学仙好。

【点评】

尘世的苦难太过沉重，既有生活的磨难和命运的不公，又有各种自身无可奈何的处境。人们便渴望能够解脱苦难，永生乐境。道家修仙，是寻求长生与清净。佛教说彼岸，指的是死后生于极乐世界，摆脱各种尘世之苦。这是两种不同的道路，前者避世，后者求死后解脱。

第五〇则

富贵而劳悴①,不若安闲之贫贱;贫贱而骄傲,不若谦恭之富贵。
曹实庵曰②:富贵而又安闲,自能谦恭也。
许师六曰③:富贵而又谦恭,乃能安闲耳。
张竹坡曰:谦恭安闲,乃能长富贵也。
张迂庵曰:安闲乃能骄傲,劳悴则必谦恭。

【注释】

① 劳悴:指辛苦劳累。
② 曹实庵:曹贞吉,字升六,号实庵,安丘县城东关人,清代著名诗词家。康熙三年(1664)进士,历任户部员外郎、礼部郎中、湖广提学佥事等。晚年以疾辞湖广学政。初以诗名世,后转填词,以南宋为宗,陈维崧评其《白莲》一首说:"欲呼先生作曹白莲矣。"他与嘉善诗人曹尔堪并称为"南北二曹",有《珂雪集》及《二集》各一卷,《朝天集》、《鸿爪集》、《黄山纪游诗》各一卷,《珂雪词》两卷。《珂雪词》选入《四库全书》,《四库提要》说:"其词大抵丰华掩映,寄托遥深。"
③ 许师六:许承家,字师六,号来庵、猎微阁,江苏扬州人。康熙二十四年(1685)进士,官翰林院编修,著有《猎微阁诗集》。

【译文】

富有尊贵却忧劳憔悴,倒不如贫贱而自在悠闲;清贫位卑却骄傲自大,倒不如富贵而谦逊恭敬。

曹实庵说：富有尊贵而又自在悠闲，自然能够谦虚恭敬。

许师六说：富贵而又谦虚恭敬，才能自在悠闲。

张竹坡说：谦虚恭敬而悠闲自在，才能长久富贵。

张迂庵说：自在悠闲才会骄傲自大，忧劳憔悴则必然谦虚恭敬。

【点评】

孔子说："富而可求也，虽执鞭之士，吾亦为之。如不可求，从吾所好。"富贵生活，是每个人都渴望的生活状态，但是张潮却宁愿做自在悠闲的清贫之士，而不愿意富贵又辛劳。同时，他也认为如果因为自己身处贫贱就以此凌人傲物也是不对的，还不如富贵而有礼。作者既追求闲适生活，也希望人能谦恭有礼。

第五一则

目不能自见，鼻不能自嗅，舌不能自舐①，手不能自握，惟耳能自闻其声。

弟木山曰：岂不闻"心不在焉，听而不闻"乎②？兄其诳我哉③。

张竹坡曰：心能自信。

释师昂曰④：古德云⑤："眉与目不相识，只为太近。"

【注释】

① 舐(shì)：舔。

② 心不在焉，听而不闻：心思不在这里，听了也像没听见，形容思

想不集中。出自《大学》:"心不在焉,视而不见,听而不闻,食而不知其味。"

③ 诳(kuáng):欺骗,哄瞒。

④ 释师昂:不详。

⑤ 古德:佛教徒对年高有道的高僧的尊称。《景德传灯录·诸方广语》:"先贤古德,硕学高人,博达古今,洞明教网。"

【译文】

眼睛不能看到自己,鼻子不能嗅到自己,舌头不能舔到自己,每一只手都不能握住自己,唯有耳朵能够听到自己的声音。

弟木山说:难道没听说"心不在焉,听而不闻"吗?兄长是在诳我吧。

张竹坡说:心能够相信自己。

释师昂说:有高僧说:"眉毛和眼睛不相识,只是因为离得太近了。"

【点评】

文中列举的这几种都是人的生理现象,作者写下来,未必有什么深意,只是权作一个小小的发现。这个发现并不完全对,耳朵能够听到声音,但这声音却并不是耳朵发出来的,仍然不算"自闻其声"。

第五二则

凡声皆宜远听,惟听琴则远近皆宜。

王名友曰:松涛声、瀑布声、箫笛声、潮声、读书声、钟声、梵声①,皆宜远听。惟琴声、度曲声、雪声②,非至近,不能得其离合抑扬之妙③。

　　庞天池曰：凡色皆宜近看，惟山色远近皆宜。

【注释】

　　① 梵声：念佛诵经之声。南朝梁武帝《和太子忏悔》诗："缭绕闻天乐，周流扬梵声。"
　　② 度曲：指按曲谱歌唱。汉代张衡《西京赋》："度曲未终，云起雪飞。"
　　③ 抑扬：指音调有节奏地变化。

【译文】

　　所有的声音都适宜在远处听，只有琴声则远听、近听都合适。

　　王名友说：松涛声、瀑布声、箫笛声、潮声、读书声、钟声、梵声，都适合远听。只有琴声、唱曲声、落雪声，不是离得极近，不能领会其高低节奏变化的妙处。

　　庞天池说：各种颜色都适合近看，只有山色远近都合适。

【点评】

　　张潮对琴声非常推崇，认为不管是远听还是近听都各有妙处。远处听，感受到的是悠远的余韵和清雅的境界；近处听，领略的是琴声的抑扬之妙。这既是他对欣赏声音的认识，也是对声音的偏好。

第五三则

　　目不能识字，其闷尤过于盲；手不能执管，其苦更甚于哑。

陈鹤山曰：君独未知今之不识字、不握管者，其乐尤过于不盲不哑者也。

【译文】

如果眼睛不认识文字，这就比瞎了还令人烦闷；如果手不能握笔写字，那么就比哑巴更苦恼。

陈鹤山说：您难道不知道如今不识字、不会写字的人，其快乐更过于不盲不哑的人。

【点评】

张潮是对生命的宽度与深度有所追求的人，在领略了生活的艺术之后，他并不愿意放弃这些。尝到了智慧的滋味，才会为无知无识的蒙昧者感到痛苦。只是身处蒙昧之中的人，认识不到人生还可以有另一重深度，也无从感受到这些痛苦。就像陈鹤山所言，不识字、不会写字的人，并不见得就少了俗世的快乐。

第五四则

并头联句[1]，交颈论文[2]，宫中应制[3]，历使属国[4]，皆极人间乐事。

狄立人曰[5]：既已并头交颈，即欲联句论文，恐亦有所不暇。

汪舟次曰[6]：历使属国，殊不易易。

孙松坪曰：邯郸旧梦[7]，对此惘然。

张竹坡曰：并头交颈，乐事也；联句论文，亦乐事也。是以两乐并为一乐者,则当以两夜并一夜方妙。然其乐一刻,胜于一日矣。

沈契掌曰⑧:恐天亦见妒。

【注释】

① 并头联句:指在闺房之中与女性共同作一首诗。联句,古代的作诗方式之一。由两人或多人各成一句或几句,合而成篇,旧时多出现于宴席及朋友间酬应。相传始于汉武帝和诸臣合作的《柏梁诗》。文中指的是与女子一起创作。

② 交颈论文:指与女性在极亲昵的状态下评论文章。交颈,比喻男女亲昵无间。

③ 应制:特指应皇帝之命写作诗文,也指在皇帝命令下写成的诗文作品,多为歌功颂德之作。

④ 历使属国:奉命出使各国。历使,奉命出使。属国,古时附属于宗主国的国家。

⑤ 狄立人:狄亿,字立人,号向涛,号洮湖渔子,江苏溧阳人。康熙三十年(1691)进士。有《洮湖渔子集》、《菊社约》等。

⑥ 汪舟次:即汪楫,字舟次,又字耻人,号悔斋,安徽休宁人,寄籍江苏江都。康熙十八年(1679)举博学鸿词科,列一等,授翰林院检讨,纂修《明史》。康熙二十二年(1683)六月十六日同中书舍人林麟焻赴琉球,购得《世缵图》,十一月二十四日回国。曾知河南府,官至福建布政使。历官河南府知府、福建按察使、福建布政使,以疾告归。著有《崇祯长编》、《悔庵集》、《使琉球杂录》、《册封疏钞》、《观海集》一卷。

⑦ 邯郸旧梦:邯郸梦出自唐传奇,本指虚幻之事,唐代沈既济有

《枕中记》，载卢生在邯郸客店中遇道士吕翁，用其所授瓷枕，睡梦中历数十年富贵荣华。及醒，店主炊黄粱未熟。此处应指过去经历的事，孙松坪曾于康熙十七年（1678）充副使出使朝鲜，所以有此议论。

⑧沈契掌：沈思伦，字契掌，号闲吾子，安徽池州人。

【译文】

与女子并头联句作诗，脖子挨着脖子共论文章，在宫中奉旨作诗，多次出使藩国，这些都是世间最快乐的事。

狄立人说：既然已经头并头脖子挨着脖子，即便想要联句作诗讨论文章，只怕也没有时间。

汪舟次说：多次出使藩国，非常不容易。

孙松坪说：像邯郸旧梦一样的经历，看到这些情思迷茫。

张竹坡说：头并头脖子挨着脖子，是快乐的事；联句作诗讨论文章，是快乐的事。将两种乐事合为一件乐事，则应当将两夜并为一夜才妙。然而其一刻的乐趣，已经胜于一天了。

沈契掌说：恐怕上天要妒忌。

【点评】

奉命出使，这在明清时期是比较难得的事情，点评者中，有两位都有此经历。一位是汪楫，他曾于康熙二十二年（1683）六月十六日同中书舍人林麟焻赴琉球，购得《世缵图》，十一月二十四日回国，还著有《使琉球杂录》。他点评说"殊不易易"，既是指出使机会难得，也是指出使之事艰难不易。另一位有出使经历的是孙致弥，他在未及第的时候，曾因荐召对称旨，而以布衣赐二品服，充任朝鲜采访使。

第五五则

《水浒传》武松诘蒋门神云①:"为何不姓李?"此语殊妙,盖姓实有佳有劣。如华、如柳、如云、如苏、如乔,皆极风韵;若夫毛也、赖也、焦也、牛也,则皆尘于目而棘于耳者也②。

先渭求曰③:然则君为何不姓李耶?

张竹坡曰:止闻今张昔李,不闻今李昔张也。

【注释】

① 武松诘(jié)蒋门神:出自《水浒传》第二十九回的"施恩重霸孟州道,武松醉打蒋门神",武松为替施恩夺回快活林,去店中挑衅,借问姓而无理取闹,对方回答"姓蒋",武松就故意问"却如何不姓李"。

② 尘于目:沙子进入了眼睛中。棘于耳:荆棘刺入了耳朵里。两者都是很难受的事情。

③ 先渭求:先著,字渭求,又字染庵,号蠋斋,又号迂夫,盍旦子,四川泸州人,清代书画家。工书,善画山水、花卉、人物。有《劝影堂词》、《息柯杂著》、《益州书画录续编》等,又与程洪合纂《词洁辑评》。

【译文】

《水浒传》中武松质问蒋门神说:"你为什么不姓李?"这话问得非常妙,因为人的姓氏的确有好有坏。比如华、柳、云、苏、乔等姓,都特别有风韵;如像姓毛、赖、仇、牛等姓,见到、听到都像沙子进入眼睛、荆棘扎入耳中一样令人不舒服。

先渭求说:那您为什么不姓李呢?

张竹坡说:只听说过今张昔李,没听说过今李昔张。

【点评】

武松诘蒋门神是无理取闹,挑起事端,作者此处的说法却是文人趣味。姓这个东西,无法改变,没得选择,但确实又有雅俗和高下之别。有的姓文雅,有的姓俗气,有的姓容易令人产生美好的想象,比如柳、云、苏,有的姓则很不堪,如牛、赖等。这也是人生一桩无可奈何的事情。

第五六则

花之宜于目而复宜于鼻者①,梅也、菊也、兰也、水仙也、珠兰也、莲也②。止宜于鼻者,橼也、桂也、瑞香也、栀子也、茉莉也、木香也、玫瑰也、腊梅也③。余则皆宜于目者也。花与叶俱可观者,秋海棠为最,荷次之,海棠、酴醾、虞美人、水仙又次之④。叶胜于花者,止雁来红、美人蕉而已⑤。花与叶俱不足观者,紫薇也、辛夷也⑥。

周星远曰:山老可当花阵一面⑦。

张竹坡曰:以一叶而能胜诸花者,此君也⑧。

【注释】

① 宜于目而复宜于鼻:指既有适宜观赏的姿态又有适合闻嗅的香气。

② 珠兰:"真珠兰"的省称,即金粟兰,以其蓓蕾如珠,所以被称为珠兰,香气浓郁。清代钱谦益的《代怀长姑夫人》诗:"绕径珠兰冲雪放,编篱茉莉逆风香。"

③ 橼(yuán):香橼,又称枸橼,是芸香科柑橘属的植物,果实香气清新,常用作清供。瑞香:植物名,也称睡香。常绿灌木,叶为长椭圆形。春季开花,花集生顶端,有红紫色或白色等,有浓香。木香:多年生观赏植物。春末夏初开白色或黄色花,香气馥郁。

④ 酴醾(tú mí):现常写作荼縻、荼蘼。荼蘼为落叶灌木,以地下茎繁殖。荼蘼花在春季末夏季初开花,凋谢后即表示花季结束,所以有完结的意思。宋代王琪的《春暮游小园》诗有"开到荼蘼花事了"之句。

⑤ 雁来红:一年生草本。近顶上的叶有红、黄、紫等色。秋季开花。供观赏,亦可食用或供药用。明代李时珍《本草纲目·草四·雁来红》:"茎叶穗子并与鸡冠同。其叶九月鲜红,望之如花,故名。吴人呼为'老少年'。"

⑥ 紫薇:又称满堂红、百日红。落叶小乔木,树皮滑泽,夏、秋之间开花,淡红紫色或白色,其花瓣细碎。辛夷:指辛夷树或它的花。辛夷树属木兰科,落叶乔木,高数丈,木有香气。花初出枝头,苞长半寸,而尖锐俨如笔头,因而俗称木笔。及开则似莲花而小如盏,紫苞红焰,作莲及兰花香,亦有白色者,人又呼为玉兰。今多以"辛夷"为木兰的别称。

⑦ 花阵:指花木的行列。唐代司空图《力疾山下吴村看杏花》诗有:"浮世荣枯总不知,且忧花阵被风欺。"

⑧ 此君：竹子。

【译文】

　　花木之中既悦目又好闻的，是梅花、菊花、兰花、水仙、珠兰、莲花。只有香气的是香橼、桂花、瑞香、栀子、茉莉、木香、玫瑰、腊梅。其余的就都是适宜于观赏的。花和叶都好看的，秋海棠最佳，荷花略逊，海棠、酴醾、虞美人、水仙又略次一些。叶子比花好看的，只有雁来红、美人蕉罢了。至于花和叶都不值得看的，是紫薇、辛夷。

　　周星远说：山老可以担当花木行列的一面。

　　张竹坡说：能单靠叶子而胜过各种花的是竹子。

【点评】

　　张潮不喜紫薇，认为其花与叶都不足观，其花瓣细碎，《广群芳谱》中却说它："紫薇花一枝数颖，一颖数花。每微风至，夭娇颤动，舞燕惊鸿，未足为喻。"而关于紫薇花，最有名的诗句则应该是白居易的："独坐黄昏谁是伴？紫薇花对紫微郎。"唐代开元元年(713)改中书省为紫微省，因此中书舍人称紫微舍人、紫微郎，白居易巧用谐音，写出了自己与紫薇花相对而坐的情景。有趣的是，多年之后，白居易被贬江州，又以同样手法写过另一首诗："紫薇花对紫微翁，名目虽同貌不同。独占芳菲当夏景，不将颜色托春风。浔阳官舍双高树，兴善僧庭一大丛。何似苏州安置处，花堂栏下月明中。"

第五七则

　　高语山林者，辄不善谈市朝事①，审若此，则当并废《史》、

《汉》诸书而不读矣②。盖诸书所载者,皆古之市朝也。

张竹坡曰:高语者,必是虚声处士③;真入山者,方能经纶市朝④。

【注释】

① 市朝事:朝野之事,指名利之事。
② 《史》、《汉》:《史记》和《汉书》,此处用来泛指史书典籍。
③ 虚声处士:徒有虚名却并非真正清高避世的隐士。
④ 经纶市朝:指在朝中筹划国家大事。

【译文】

高谈阔论隐逸山林的人,往往不喜欢谈市井、朝廷争名夺利的俗事。果真如此的话,便应该废弃《史记》、《汉书》等书不去读它。因为这些书所记载的,都是古代市井、朝廷的事情。

张竹坡曰:高谈阔论的,必定是徒有虚名却并非真正避世的隐士;真正能够隐居山中的隐士,方能够在朝中谋划国家大事。

【点评】

真正的隐士遁迹人间,或者和光同尘,根本不会以山林之事相标榜;又或者像东方朔一样,"避世金马门"。只有别有用心的人才会在人前滔滔不绝地论及隐逸之事,为自己邀名取誉,是古人所说的"虚声处士"。

第五八则

云之为物,或崔巍如山,或潋滟如水①,或如人,或如兽,或如鸟毳②,或如鱼鳞。故天下万物皆可画,惟云不能画。世所画云,亦强名耳③。

何蔚宗曰④:天下百官皆可做,惟教官不可做⑤,做教官者,皆谪戍耳⑥。

张竹坡曰:云有反面正面,有阴阳向背,有层次内外,细观其与日相映,则知其明处乃一面,暗处又一面。尝谓古今无一画云手,不谓《幽梦影》中先得我心。

【注释】

① 潋滟(liàn yàn):水波荡漾的样子。
② 鸟毳(cuì):鸟类的细毛。
③ 强名:勉强称为,虚名。语出《老子》:"吾不知其名,强字之曰道。"
④ 何蔚宗:不详。
⑤ 教官:军队、学校等团体内担任教练的军官的旧称。
⑥ 谪戍(zhé shù):此处指因有罪而被派到远方防守的人。谪,贬谪。戍,防守。

【译文】

云这种自然之物,有时像高峻的山峰,有时像波光闪烁的水,有时像人,有时像野兽,有时像鸟的羽毛,有时像鱼鳞。所以世界上什么东西都可以画,只有云不能画。世间所画的云,都是勉强称为云罢了。

何蔚宗说:天下百官都可以做,只有教官不能做,做教官的,都是被贬谪的人。

张竹坡说:云有反面正面,有背阴向阳,有内层外层,仔细看它和太阳相映时的样子,则知道它的明处是一面,暗处又是一面。我曾经说古今没有一个画云手,不料《幽梦影》先写出了我的心思。

【点评】

作者对云的变化和姿态观察得非常仔细,他对云的描绘也非常细致,通过各种比喻表现云的形象。他认为云不能描画,这是因为云的各种姿态变化难以捉摸。

第五九则

值太平世,生湖山郡①;官长廉静②,家道优裕;娶妇贤淑,生子聪慧。人生如此,可云全福。

许篠林曰③:若以粗笨愚蠢之人当之,则负却造物。

江含徵曰:此是黑面老子要思量做鬼处④。

吴岱观曰⑤:过屠门而大嚼,虽不得肉,亦且快意。

李荔园曰⑥:贤淑聪慧,尤贵永年,否则福不全。

【注释】

① 湖山郡:有山有水的郡县,指出生地自然条件比较优越。

② 官长:旧时行政单位的主管官吏。廉静:形容品德高尚,性情平和。

③ 许篠(xiǎo)林:许楚,字芳城,号旅亭、篠林,又号青岩先生。安徽歙县人。工诗文。晚年失明,著述未尝或辍。有《青岩文集》。

④ 黑面老子：指身体虚弱的释迦牟尼。
⑤ 吴岱观：即吴山涛，字岱观，号塞翁，安徽歙县人。清初书画家，工诗、书、画，著有《塞翁集》。
⑥ 李荔园：不详。

【译文】

赶上太平社会，出生在湖山秀美的州郡；地方官员高尚平和，家境优渥富裕；娶的妻子贤惠贞洁，生的孩子聪明智慧。人生如能这样，可以说是全福了。

许篠林说：若是让粗笨愚蠢的人担当这些，就辜负了造物主。

江含徵说：这是身体虚弱的释迦牟尼思量做鬼后的处境。

吴岱观说：路过屠夫的门口而大口咬嚼，虽然没有肉，但也心情舒畅。

李荔园说：贤淑聪慧的人，尤其要长寿，不然就不算全福。

【点评】

晚明到清初这一段时间，政权变易，社会动荡，百姓生活艰难，人心思安，张潮在这里所描绘的其实是一幅俗世美满生活愿景图。这种愿景，不光时代动荡的时候难以实现，即使是社会太平之时也难以达到。所以江含徵点评笑他"这是身体虚弱的释迦牟尼思量做鬼后的处境"。

第六〇则

天下器玩之类，其制日工，其价日贱，毋惑乎民之贫也。

张竹坡曰：由于民贫，故益工而益贱。若不贫，如何肯贱？

【译文】

世上可供欣赏把玩的物品制作得越来越精细，而它们的价格却一天比一天便宜，难怪老百姓会如此贫穷呢。

张竹坡说：正是因为百姓贫穷，所以器物越精细而价格越便宜。百姓要是不穷，怎么肯贱卖？

【点评】

这一条是作者对社会不公平现状的有感而发，富者日富，贫者日贫。器物做工越来越精细，价格反而越来越便宜，张潮敏锐地觉察到百姓在其中所受到的压榨和剥削。对这种辛苦和被剥削，张潮是比较能够理解的，他刻书、售书，中年后为生活奔走，因而能够体察民生艰难。

第六一则

养花胆瓶①，其式之高低大小，须与花相称；而色之浅深浓淡，又须与花相反。

程穆倩曰②：足补袁中郎《瓶史》所未逮③。

张竹坡曰：夫如此，有不甘去南枝而生香于几案之右者乎④？名花心足矣。

王宓草曰⑤：须知相反者，正欲其相称也。

【注释】

① 胆瓶：长颈大腹的花瓶，因形如悬胆而名。

② 程穆倩：即程邃，字穆倩，又字朽民，号垢区、垢道人、青溪朽民等，又自署江东布衣、野合道者，明末清初安徽歙县人。曾久居南京，明亡后一直侨寓扬州。一生擅长金石考证，又具铜玉器鉴赏力，富于收藏，博学工诗文，于丹青造诣亦深，善用枯笔干皴法写山水，特有神韵。程邃是一位诗、书、画、印多方面修养极高的文学艺术家，生平嫉恶如仇，爱结交仁义之士。著有《会心吟》、《萧然吟》等。

③ 袁中郎：即袁宏道，字中郎，号石公，知名文学家。与兄袁宗道、弟袁中道并有才名，人称"三袁"，世以宏道为三袁中文学成就最杰出者。三袁发扬李卓吾"童心"思想，反对"前、后七子"等人之拟古、复古，主张文学重性灵、贵独创，所作清新轻俊、情趣盎然，世称"公安派"或"公安体"。《瓶史》：袁宏道所作，该书从鉴赏角度论述了花瓶、瓶花及其插法。未逮：不及，没有达到。

④ 去南枝：离开向阳生长的枝条。

⑤ 王宓草：即王蓍，是王概的弟弟，王臬的兄长，原名王尸，字宓草，号湖村，秀水人，居金陵。其山水得黄公望笔意，善花卉、翎毛，兼工书法、篆刻，与兄臬可并驱，人以元方、季方目之。

【译文】

插花的胆形瓶子，其款式的高矮大小必须与所插之花的样子相称；而花瓶颜色的深浅浓淡，又必须与花的颜色相反。

程穆倩说：足以补充袁中郎《瓶史》所不及之处。

张竹坡说：这样的话，还有不甘心离开朝南的树枝而在书桌右角散发香气的花吗?名花心满意足了。

王宓草说:要知道花瓶与花的颜色相反,正是为了要相称。

【点评】

明清之际的知识分子普遍嗜好养花、插花,以此陶冶性情,并发展出许多以此相关的理论著述,比较有名的是袁宏道的《瓶史》,其中有花目、品第、器具、择水、宜称、屏俗、花祟、洗沐、使令、好事、清赏、监戒等二十节,系统地介绍了花木知识、拣择标准、插养方法与欣赏方向。张潮受袁宏道影响较深,加上本身又注重生活的趣味和美感,因此对养花、插花也很热衷。这一则讲的就是他的养花经验与欣赏标准,说的花与瓶的相衬与对比,大小相衬,外形才能合度,不会失衡;颜色深浅相反方能互相映衬,更显花朵娇美。

第六二则

春雨如恩诏[1],夏雨如赦书[2],秋雨如挽歌[3]。

张谐石曰[4]:我辈居恒苦饥,但愿夏雨如馒头耳。

张竹坡曰:赦书太多,亦不甚妙。

【注释】

① 恩诏:帝王降恩的诏书,形容春雨珍贵而令人欣喜。

② 赦书:免除罪行的文告,形容夏天的雨酣畅淋漓。

③ 挽歌:哀悼死者的丧歌,形容秋雨萧索缠绵。

④ 张谐石:张韵,字谐石,号浮丘,扬州人。石涛曾为其作《山水

人物图》。

【译文】

春雨像皇帝加恩于百姓的圣旨,夏雨像天下大赦的诏书,秋雨如同送葬的挽歌。

张谐石说:我们这些人平常总是苦于饥饿,只希望夏天的雨像馒头一样。

张竹坡说:大赦天下的诏书太多了,也不是好事。

【点评】

四时季候不同,雨带给人们的感受也不同,春天万物生发,雨水稀缺,有"春雨贵如油"的说法,这时候的雨带给人的感受便如得了恩诏一般欣喜。夏日酷暑,骤雨可以带来凉意,缓解闷热,便如赦书一样,让人从绝望中透出一口气来。秋雨凄清,缠绵不断,再加上落木萧萧,带给人的感觉便是愁苦凄凉,如送丧的挽歌一样伤感凄绝。不同的感受,人人都有,但是张潮却通过奇妙的联想和比喻,使人耳目一新。

点评中的张谐石希望"夏雨如馒头",言语诙谐,但实际上却也是抒发贫苦生活的无奈。他身居扬州,只有草庐数间,青蓬于檐前垂下,他的诗也都是描写困苦生活之作。孔尚任与他交好,曾写过《蓬门行为张谐石》描述他的处境和品格:"三年看熟扬州肆,富豪宅第密鳞次。垣高于城楼碍天,人在楼下如蚁类。车来马往何纷纭,贫士傍观但怀刺。主人阍人吝且骄,吾友张子誓不至。城东破屋住数间,有酒起饮无酒睡。经秋积雨苔满檐,檐上蓬蒿垂垂穗。邻家刺眼屡劝芟,张子乃云吾之瑞。古来隐者入深山,吾独城市岂不愧。几枝蓬蒿青比松,萧疏尚有岩壑意。安得更垂五尺长,省却柴门开闭累。交寡不怕碍轩车,好友来寻作认记。"

第六三则

十岁为神童,二十三十为才子,四十五十为名臣,六十为神仙,可谓全人矣。

江含徵曰:此却不可知,盖神童原有仙骨故也。只恐中间做名臣时,堕落名利场中耳。

杨圣藻曰[①]:人孰不想,难得有此全福。

张竹坡曰:神童才子,由于己,可能也;臣由于君,仙由于天,不可必也。

顾天石曰:六十神仙,似乎太早。

【注释】

① 杨圣藻:即杨衡选,字圣藻,安徽泾阳人,《虞初新志》中收录了他的《记盗》一文。

【译文】

十岁是神童,二十岁、三十岁的时候是才子,四十岁、五十岁的时候成为政绩突出的大臣,六十岁过上神仙一样悠闲的日子,可以算是完美的人了。

江含徵说:这却不能知道,大概神童原本就有仙骨的缘故。只怕中间做名臣的时候,堕落入世俗的追名逐利中罢了。

杨圣藻说:谁人不想这样,难得有这样的全福。

张竹坡说:成为神童和才子,取决于自身,可以做到;做名臣取决于君主,如神仙般适意取决于上天,不能必然实现。

顾天石说:六十岁做神仙,似乎太早了。

【点评】

作者在前面描绘过对俗世美满生活的想象,这一则说的是对读书人自身完美道路的想象和期望。幼年聪明,青年成名,中年建功立业,六十从容自在,既满足了儒家对读书仕进的要求,最终又飘然淡出,实现了隐逸高蹈的精神需求。张潮早年心怀科举,然而累试不第,最终心灰意冷。面对人生的种种不如意,这也是他无奈之余的想象与自我慰藉吧。

第六四则

武人不苟战①,是为武中之文;文人不迂腐②,是为文中之武。

梅定九曰③:近日文人不迂腐者颇多,心斋亦其一也。

顾定天曰④:然则心斋直谓之武夫可乎?笑笑。

王司直曰:是真文人,必不迂腐。

【注释】

① 不苟战:不仓促开战,不轻易用兵。

② 迂腐:指言谈、行为拘泥于旧准则,不适应时代潮流。

③ 梅定九:梅文鼎,字定九,号勿庵,安徽宣城人。清初天文学

家、数学家、历算学家,被誉为"历算第一名家"。梅文鼎一生博览群书,著述八十余种。中国古代著名数学家,通天文、历算之学。明末清初西方科学知识的传入,对梅文鼎产生了巨大影响。康熙四十一年(1702),李光地向康熙帝推荐其著作《历学疑问》,康熙帝大为折服,次年南巡,特召至龙舟中聊天,并亲书"绩学参微"四字,表彰他在天文、数学方面的深厚造诣。又赐梅文鼎的长孙梅瑴成进士出身,入值南书房。梅文鼎去世之后,后人将其历法、数学著述汇为《梅氏丛书辑要》。诗文杂著则有《绩学堂文钞》、《绩学堂诗钞》。

④ 顾定天:不详。

【译文】

武将不仓促用兵,可算是武将中的文士;文人不刻板拘泥,可算是文人中的武者。

梅定九说:现在不刻板迂腐的文人有很多,心斋也是其中之一。

顾定天说:然而直接称心斋为武夫可以吗?笑笑。

王司直说:真正的文人,必定不刻板迂腐。

【点评】

武将不仓促用兵,体现的是文人的理智与有节,对时势有自己的判断,有所坚持,这是一种端方有节的态度。文人不拘泥于字句与形式,体现出的是决断与豪气,能够破除旧规矩,于创作上翻出新花样来,所以作者认为这算是文人中的武者。如果武者能够少一些鲁莽与粗俗,文人能够多一点豪情与义气,那么人生的风景自当会更辽阔。

第六五则

文人讲武事,大都纸上谈兵;武将论文章,半属道听途说。

吴街南曰:今之武将讲武事,亦属纸上谈兵。今之文人论文章,大都道听途说。

【译文】

文人谈及打仗的事,大多数都像赵括一样纸上谈兵;武将论起文章好坏,一半都是不懂装懂、人云亦云。

吴街南说:如今的武将谈及打仗之事,也属于纸上谈兵。如今的文人论起文章,大部分都是人云亦云。

【点评】

"闻道有先后,术业有专攻"。每个人都有自己擅长的事情,如果对自己不懂的事情乱发议论,便难免落入纸上谈兵或者人云亦云的境地。不止如此,即使是自己所学专业,如果不思进取,不多思考,也难免会落入信口开河与人云亦云的境地。

第六六则

斗方止三种可存①:佳诗文一也,新题目二也,精款式三也。

闵宾连曰②:近年斗方名士甚多③,不知能入吾心斋彀中否也④?

【注释】

① 斗方：书画所用的一尺见方的纸。亦指一尺见方的册页书画。

② 闵宾连：即闵麟嗣，字宾连，号橄庵，安徽歙县人，寓居扬州。清代著名学者、旅行家。他喜游历吟咏，每至一地，均有纪游诗。著有《庐山集》、《古国都今郡县合考》、《黄山松石谱》、《周末列国省会郡县考》、《闵宾连悟雪诗草》。另外，还编撰了《黄山志定本》八卷。

③ 斗方名士：好在斗方上写诗或作画以标榜的"名士"，指冒充风雅的人。

④ 彀（gòu）中：弓箭射程所及的范围，比喻圈套、牢笼之中。五代王定保《唐摭言·述进士上》："（唐太宗）尝私幸端门，见新进士缀行而出，喜曰：'天下英雄入吾彀中矣！'"此处是化用了唐太宗这句话。

【译文】

斗方只有三种可以留存：诗文好是一种，主题新颖是第二种，款识精良是第三种。

闵宾连说：近年来以斗方出名的"文士"有很多，不知道能不能中心斋的意？

【点评】

斗方指的是一尺见方的书画册页，这种作品能够体现作者趣味，便于流传，在明清之际非常流行。许多没有真才实学的文人，附庸风雅，以此博名，故当时有"斗方名士"的说法。张潮在这里是以鉴赏和收藏家的眼光提出了自己的选择标准，既要内容出色，又要立意新颖，还要款识精良，形式与内容相互衬托，缺一不可。

第六七则

情必近于痴而始真,才必兼乎趣而始化。

陆云士曰:真情种,真才子,能为此言。

顾天石曰:才兼乎趣,非心斋不足当之。

尤慧珠曰:余情而痴则有之,才而趣则未能也。

【译文】

情感必须接近于痴迷才算真,才华必须加上情趣方能臻于化境。

陆云士说:真情种,真才子,才能说出这句话。

顾天石说:有才又有趣,除了心斋都不足以当得起。

尤慧珠说:我的情感近于痴迷是有的,有才又有趣则没能做到。

【点评】

情感要达到痴迷的程度才称得上是真,才华也要同时具有趣味才算高妙。这种对趣味的审美和对真的强调与明末重趣重癖的影响分不开,比如张岱就在《陶庵梦忆》中表达过这样的交友准则:"人无癖不可与交,以其无深情也;人无疵不可与交,以其无真气也。"

第六八则

凡花色之娇媚者,多不甚香;瓣之千层者,多不结实。甚矣,全才之难也!兼之者,其惟莲乎?

殷日戒曰:花叶根实,无所不空,亦无不适于用,莲则全有其德者也。

贯玉曰①:莲花易谢,所谓有全才而无全福也。

王丹麓曰②:我欲荔枝有好花,牡丹有佳实,方妙。

尤谨庸曰:全才必为人所忌,莲花故名君子。

【注释】

① 贯玉:不详。

② 王丹麓:王晫,初名棐,字丹麓,号木庵,自号松溪子,浙江钱塘人。顺治四年(1647)秀才。旋弃举业,市隐读书,广交宾客。工于诗文,有《遂生集》、《霞举堂集》、《今世说》、《墙东草堂词》及杂著多种,还与张潮合编了《檀几丛书》及《昭代丛书》的甲、乙、丙集。

【译文】

凡是颜色娇媚的花,大多不太香;花瓣层层叠叠的,大多不结果。要求样样都做到实在是太难了!花中色、香、形和果实都上佳的,恐怕只有莲花吧?

殷日戒说:花叶根实,没有一种不空妙,也没有一种不适于用,莲花是全有其德的。

贯玉说:莲花容易凋谢,所谓有全面的才能而没有完全的福运。

王丹麓说:我想让荔枝有好看的花朵,牡丹有上佳的果实,这样才好。

尤谨庸说:全才必定为人所嫉恨,所以莲花被称为君子。

【点评】

张潮爱花,爱到深处,难免求全。既要花型漂亮,又要气味芬芳,以这样的标准来品评,他认为样样都很出色的只有莲花。

第六九则

著得一部新书,便是千秋大业;注得一部古书,允为万世宏功。

黄交三曰:世间难事,注书第一。大要于极寻常书,要看出作者苦心。

张竹坡曰:注书无难,天使人得安居无累,有可以注书之时与地为难耳。

【译文】

写出一部具有独特见解的书,便是做了件千古流芳的大事业;注解一部古人的书,也的确有着福泽万世的大功劳。

黄交三说:人世间的困难事,注书排第一。重要的是在极为寻常的地方,要看出作者的良苦用心。

张竹坡说:注书没有什么困难,上天使人生活安稳、没有拖累,有可以注书的时间与地方则是困难之事。

【点评】

写新书不易,注古书更难,难在阐发作者旨趣与观念。张潮自己既著书又编书,为刻书与出版耗费了大量精力和心血,这一则可以说是他的甘苦谈。

第七〇则

延名师训子弟,入名山习举业①,丐名士代捉刀②,三者都无是处。

陈康畴曰:大抵名而已矣,好歹原未必着意。

殷日戒曰:况今之所谓名乎?

【注释】

① 举业:为应科举考试而准备的学业。明清时专指八股文。
② 丐:请求。捉刀:《世说新语》记载,曹操叫崔珪代替自己接见匈奴来使,自己持刀站立床头。后因称代人作文或顶替人做事为"捉刀"。

【译文】

延请有名望的老师教导自己的子弟,赴名山学习准备应科举考试,乞求知名文人代写文章,三者都没有值得肯定的地方。

陈康畴说:大概只是求名声罢了,好与坏原本不一定在意。

殷日戒说:何况是今天所谓的名声?

【点评】

请名师、入名山、求名士代笔,这几件事情的目的都是求名,张潮对这些很不以为然,所以说这三者都一无是处,表现了自己清高自重的态度。

第七一则

积画以成字①,积字以成句,积句以成篇,谓之文。文体日增,至八股而遂止。如古文,如诗,如赋,如词,如曲,如说部②,如传奇小说,皆自无而有。方其未有之时,固不料后来之有此一体也;迨既有此一体之后,又若天造地设,为世必应有之物。然自明以来,未见有创一体裁新人耳目者。遥计百年之后,必有其人,惜乎不及见耳。

陈康畴曰:天下事从意起,山来今日既作此想,安知其来生不即为此辈翻新之士乎?惜乎今人不及知耳。

陈鹤山曰:此是先生应以创体身得度者③,即现创体身而为设法。

孙恺似曰:读《心斋别集》,拈四子书题,以五七言韵体行之,无不入妙,叹其独绝。此则直可当先生自序也。

张竹坡曰:见及于此,是必能创之者,吾拭目以待新裁。

【注释】

① 画:笔画。成字:形成文字。
② 说部:指古代小说、笔记、杂著一类书籍。
③ 创体:谓在诗词体裁或格律方面进行创新。

【译文】

由笔画汇集而成字,由字汇聚而成语句,由语句汇聚而成篇章,称之为文章。文章体裁不断丰富增加,到八股文便停止了。像古文,像诗,像赋,像词,像曲,像笔记杂著,像传奇小说,都是从无到有。当一种文体还没有产生的时候,当然不会料想到后来会有这种文体;等到已经有了这种文体之后,又好像天造地设一样,是世界上一定会有的东西。但是自从明朝以来,没有见到能创造一种新文体,让人耳目一新的。估计在遥远的百年之后,一定会有创新文体的人,遗憾的是我等不及看到了。

陈康畴说:天下之事都从意产生,山来今天既然有这种想法,怎么知道来生不会是替这些创新的人?可惜今天的人等不及知道罢了。

陈鹤山说:这是心斋先生应该以创体身得度,所以现创体身而为之立法。

孙恺似说:读《心斋别集》,选取四子书题,用五七言的韵体行文,无不精妙,令人感慨其无与伦比。这一则简直可以当成先生的自序了。

张竹坡说:见识到达这种境界,可见是必然能够创新文体的人,我拭目等待您的新体例。

【点评】

时代在发展,文学体裁也在不断推陈出新,每一时期都有当时最典型的文体。对于这一点,王国维在《宋元戏曲考》中说:"凡一代有一代之文学:楚之骚,汉之赋,六代之骈语,唐之诗,宋之词,元之曲,皆所谓一代之文学,而后世莫能继焉者也。"在《人间词话》中,他又说:"四言敝而有楚辞,楚辞敝而有五言,五言敝而有七言;古诗敝而有律、绝,律、绝敝而有词。盖文体通行既久,染指遂多,自成习套。豪杰之士,亦难于其中自出新意,故遁而作他体,以自解脱。一切文体所以始盛中衰者,皆由于此。故谓文学后不如前,余未敢信,但就一体论,则此说固无以易也。"张潮认识到了这种文学发展的现象,也对当时文坛停滞的现状感到无奈与不满,于是便将希望寄予将来。只是在期望之余,未免对自己不能亲眼得见而感到遗憾。

第七二则

云映日而成霞,泉挂岩而成瀑,所托者异,而名亦因之。此友道之所以可贵也①。

张竹坡曰:非日而云不映,非岩而泉不挂。此友道之所以当择也。

【注释】

① 友道:与朋友交往的准则。东汉孔融《论盛孝章书》:"公诚能驰一介之使,加咫尺之书,则孝章可致,友道可弘矣。"

【译文】

白云在太阳的映照下变为彩霞,泉水因悬挂在山岩而变成瀑布,所依托的事物不同,它们的名称也随之不一样。这就是交友之道可贵的原因。

张竹坡说:不是太阳,云彩不会相映;不是山岩,泉水不会悬挂。这就是交友之道应当有所拣择的原因。

【点评】

这一则说的是朋友对人的影响,作者以云霞和瀑布来举例,提出交友要有所拣择。《孔子家语》中说:"商好与贤己者处,赐好与不如己者处。与善人居,如入芝兰之室,久而不闻其香,则与之俱化矣。与不善人居,如入鲍鱼之肆,久而不闻其臭,亦与之俱化矣。是以君子慎所与处也。"

第七三则

　　大家之文①,吾爱之慕之,吾愿学之;名家之文②,吾爱之慕之,吾不敢学之。学大家而不得,所谓刻鹄不成尚类鹜也③;学名家而不得,则是画虎不成,反类狗矣④。

　　黄旧樵曰⑤:我则异于是,最恶世之貌为大家者。

　　殷日戒曰:彼不曾闯其藩篱⑥,乌能窥其闯奥⑦?只说得隔壁话耳⑧。

　　张竹坡曰:今人读得一两句名家,便自称大家矣。

【注释】

① 大家:犹言大作家。宋代叶适《答刘子至书》中说:"盖自风雅骚人之后,占得大家数者不过六七。"
② 名家:指有专长的著名作家。清代袁枚于《随园诗话》中曾言:"诗有大家,有名家。大家不嫌庞杂,名家必选字酌句。"
③ 刻鹄(hú)不成尚类鹜(wù):画天鹅不成仍有些像鸭子。比喻模仿得虽然不逼真,但还相似。刻,刻画。鹄,天鹅。类,似,像。鹜,鸭子。
④ 画虎不成反类狗:比喻模仿不到家,反而不伦不类。出自《后

汉书·马援传》:"效季良不得,陷为天下轻薄子,所谓画虎不成,反类狗者也。"

⑤ 黄旧樵:即黄云。

⑥ 藩篱(fān lí):用竹木编成的篱笆或栅栏,比喻界域、境界。这句和下句出自宋代苏轼的《和寄天选长官》:"藩篱吾未窥,敢议穷阃奥。"

⑦ 乌能:哪能,怎么能。阃奥:比喻学问或事理的精微深奥所在。

⑧ 隔壁话:看似相近,其实外行的言论。

【译文】

大家的文章,我喜爱它倾慕它,我愿意学着它写;名家的文章,我喜爱它倾慕它,我不敢学着它写。学习大家的文章而达不到它的水平,是人们说的画天鹅不成而像只鸭子;学习名家的文章而达不到它的程度,便成了画老虎不成反而像条狗了。

黄旧樵说:我就与这个不同,最讨厌世上貌似大家的人。

殷日戒说:如果不能闯入其藩篱,哪里能够窥测其中的奥妙?只能说说似是而非的外行话罢了。

张竹坡说:如今的人读了一两句名家文章,就自称是大家了。

【点评】

东汉名将马援在教导子侄如何立品做人的时候,曾经说:"龙伯高敦厚周慎,口无择言,谦约节俭,廉公有威。吾爱之重之,愿汝曹效之。杜季良豪侠好义,忧人之忧,乐人之乐,清浊无所失。父丧致客,数郡毕至。吾爱之重之,不愿汝曹效也。效伯高不得,犹为谨敕之士,所谓刻鹄不成,尚类鹜者也。效季良不得,陷为天下轻薄子,所谓画虎不成,反类狗者也。"(《戒兄子严敦书》)意思是要向行为有一定标准和模式的君子学习,这样即使达不到对方的境界,也能成为一个端正谨慎的人。张潮论学写文章,说的也是同样的道理。大家的文章有一定行文准则和布局安排,认真学习,苦心研读,即使成不了大家,也能达到不错的水准。但是名家的文章汪洋恣肆,无迹可寻,若只从表面去学习,难免有所偏差。

历史上,学习大家之文比较有名的是宋初的西昆派诗人,他们大多身居馆阁,提倡向李商隐学习,大量用典,文辞艳丽,在当时影响很大。这些诗人一味追求辞章华丽、文旨幽深,渐渐流于形式,以致当时就有人讽刺他们。《古今诗话》中记载过一个故事:有优伶装扮成李商隐,一身衣服破败,对人说:"吾为诸馆职挦扯至此。"讽刺的就是这些西昆派诗人。

第七四则

由戒得定,由定得慧①,勉强渐近自然;炼精化气,炼气化神②,清虚有何渣滓?

袁中江曰:此二氏之学也③,吾儒何独不然?

陆云士曰:《楞严经》、《参同契》精义尽涵在内④。

尤悔庵曰:极平常语,然道在是矣。

【注释】

① 由戒得定,由定得慧:由遵守戒律而达到入定的境界,由入定而破除迷惑获得真正的智慧。

② 炼气化神：道家术语。亦称十月关、大周天等。是在炼精化气的基础上，将气与神合炼，使气归入神的炼修阶段。

③ 二氏：指佛、道两家。唐代韩愈《重答张籍书》："今夫二氏之所宗而事之者，下乃公卿辅相，吾岂敢昌言排之哉？"

④《楞严经》：佛教经典，全称《大佛顶如来密因修证了义诸菩萨万行首楞严经》，又名《中印度那烂陀大道场经》。简称《楞严经》、《首楞严经》、《大佛顶经》、《大佛顶首楞严经》。唐般刺蜜帝译。十卷。关于此经的译者，有各种不同传说，大多认为译者般刺蜜帝为中印度人，居广州制止道场，于唐神龙元年（705）从灌顶部中诵出，乌苌国沙门弥伽释迦译语，房融笔受，怀迪证译。中国历代皆视此经为佛教主要经典之一。《参同契》：《周易参同契》的简称，是一本讲炼丹术的著作，被称为"万古丹经王"。作者是东汉的魏伯阳。《周易参同契》的书名中"参"为"三"，指周易、黄老、炉火三事。全书分为上、中、下三篇，以及《周易参同契鼎器歌》一首，共约六千字，基本是用四字一句、五字一句的韵文体及少数长短不齐的散文体和离骚体写成的。全书用周易爻象来论述炼丹成仙的方法。被道教的外丹派和内丹派都视为重要的著作。

【译文】

由遵守戒律而达到入定的境界，由入定而破除迷惑获得真正的智慧，这才算是勉强接近了返璞归真的自然境界；提炼精华化为浩然之气，提炼浩然之气化为纯净的神，胸中清净淡泊，哪有一点尘俗渣滓？

袁中江说：这是佛教和道教的学问，我们儒家为何不是这样？

陆云士说：《楞严经》、《参同契》的精妙义理全被涵盖其中了。

尤悔庵说：极为平常的话，然而真理就在这里。

【点评】

戒定慧是佛教修行的不同过程，戒指的是持戒修行，定是达到禅定，心专一境，最终破除迷障，得大智慧。这三者循序渐进，要想修成正果，必定要由戒而入。而道教的修行则是将真阴之精化为真阳之气，然后炼成真意之神，彻底摒除杂念。前者是通过外在修行最终达到智慧解脱，后者是通过内修实现清净脱俗。张潮将两者相对比，彼此参照，并无拣择。

第七五则

南北东西，一定之位也；前后左右，无定之位也。

张竹坡曰：闻天地昼夜旋转，则此东西南北，亦无定之位也。或者天地外贮此天地者，当有一定耳。

【译文】

南北东西，是固定不变的方位；前后左右，是相对变化的方位。

张竹坡说：听说天地白天夜晚不停旋转，那么南北东西也不是固定不变的方位。或者在天地之外贮藏这个天地的，应该是固定不变的。

【点评】

这一则说的是绝对与相对，南北东西是绝对不变的，无法改易，但前后左右却是相对的方位，可以由自身调整。这既是对物理知识的朦胧认识,也是在说人要调整和适应环境与客观规律。

第七六则

予尝谓二氏不可废,非袭夫大养济院之陈言也①。盖名山胜境,我辈每思褰裳就之②。使非琳宫梵刹③,则倦时无可驻足,饥时谁与授餐？忽有疾风暴雨,五大夫果真足恃乎④？又或邱壑深邃,非一日可了,岂能露宿以待明日乎？虎豹蛇虺,能保其不为人患乎？又或为士大夫所有,果能不问主人,任我之登陟凭吊而莫之禁乎⑤？不特此也,甲之所有,乙思起而夺之,是启争端也。祖父之所创建,子孙贫,力不能修葺⑥,其倾颓之状,反足令山川减色矣。

然此特就名山胜境言之耳。即城市之内,与夫四达之衢⑦,亦不可少此一种。客游可作居停,一也；长途可以稍憩,二也；夏之茗,冬之姜汤,复可以济役夫负戴之困⑧,三也。凡此皆就事理言之,非二氏福报之说也。

释中洲曰:此论一出,量无悭檀越矣⑨。

张竹坡曰:如此处置此辈甚妥。但不得令其于人家丧事诵经,吉事拜忏⑩；装金为像,铸铜作身；房如宫殿,器御钟鼓,动说因果。虽饮酒食肉,娶妻生子,总无不可。

石天外曰:天地生气,大抵五十年一聚。生气一聚,必有刀兵、饥馑、瘟疫,以收其生气⑪。此古今一治一乱必然之数也。自佛入中国，用剃度出家法绝其后嗣，天地盖欲以佛节古今之生气也。所以唐、宋、元、明以来，剃度者多，而刀兵劫数稍减于春秋、战国、秦汉诸时也。然则佛氏且未必无功于天地，宁特人类已哉？

【注释】

① 大养济院：指佛教。明代陈继儒在《眉公先生晚香堂小品·大养济院》中说："佛氏者，朝廷之大养济院也。"养济院，旧时收养鳏寡孤独的穷人的场所。

② 褰(qiān)裳：撩起下裳。出自《诗经·郑风·褰裳》："子惠思我，褰裳涉溱。"这里是指动身前往。

③ 琳宫梵刹：道观和佛寺。琳宫，本是神仙居住的地方，后也用来指称道教庙宇。梵刹，即佛寺。梵，意为清净。刹，意为地方。

④ 五大夫：即松树。

⑤ 登陟(zhì)凭吊：攀登到高处去凭吊怀古。莫之禁：不被禁止。

⑥ 修葺(qì)：修理建筑物。

⑦ 四达之衢(qú)：通往四方的大道。四达，通往四方的道路。《尔雅·释宫》："一达谓之道路，二达谓之歧旁，三达谓之剧旁，四达谓之衢。"衢，大路，四通八达的道路。

⑧ 负戴：以背负物，以头顶物，也指劳作。此处指肩挑货运的劳作。

⑨ 悭(qiān)：吝啬。檀越：梵语音译，即施主。晋代陶潜《搜神后记》卷二："晋大司马桓温，字元子，末年忽有一比丘尼，失其

名,来自远方,投温为檀越。"

⑩ 拜忏:旧时请僧道念经礼拜,为人忏悔罪过,消灾免祸。南朝梁武帝在郗皇后死后,集录佛经语句为《梁皇忏》十卷,命僧众拜诵祈祷。相传这是拜忏之始。

⑪ 生气:用以指生灵。《陈书·世祖纪》:"梁室多故,祸乱相寻,兵甲纷纭,十年不解,不逞之徒虐流生气,无赖之属暴及徂魂。"

【译文】

我曾经说佛教和道教不能废除,这并不是承袭大养济院扶贫济困的陈腐论调。名山美景,我们这些人每每想游览它们。如果没有寺庙,那么我们疲倦时就没地方歇脚,饿了的时候谁能供给吃的?忽然刮大风下暴雨,大松树果真足以依靠吗?又或者遇到山陵和溪谷幽深险远,不是一天可以游完,我们难道能露宿山间以等待第二天继续吗?那些猛兽毒虫,能保证它们不祸害人吗?又或者名景被某位士大夫所占有,我们果真能够不问主人的意思,任凭自己攀登到高处凭吊而不遭到禁止吗?不但如此,又如某个佳景是甲的,乙考虑夺过它来,这便要引起争端了。祖辈父辈所创建的佳处名园,子辈孙辈贫困,无力修整,那些建筑倾塌废弃的样子,反倒足以让山川减去光彩了。

然而这仅仅是就名山胜境来说的。即便是在城市之中,和四通八达的大道旁,也不能没有僧道庙宇。出行的人可以在这些地方暂时居住,这是第一点;长途跋涉的人可以稍微得到休息,这是第二点;它们夏天供应茶水,冬天预备姜汤,又可以减轻肩挑货运者的疲惫,这是第三点。所有这些都是根据事理来说的,而不是佛、道二家的因果福报之类的说法。

释中洲说:这个论述一出,料想就没有吝啬的施主了。

张竹坡说:像这样处置这些人非常妥当。但是不能让僧道在别人家里办丧事诵经,吉事念经礼拜;以黄金装饰佛像,以铜铸造佛身;房子建造得如同宫殿,用钟鼓之类的器具,动不动就说因果之事。即使是喝酒吃肉,娶妻生子,都没有什么不可以。

石天外说:天地间的生气,大约五十年聚集一次。生气一聚集,必定会有刀兵、饥馑、瘟疫等灾祸,以收回生灵。这也是古往今来一治一乱的必然规律。自从佛教传入中国,用剃度出家的办法断绝他们的子孙,天地是要用佛来节制古今以来的生气。所以唐、宋、元、明以来,剃度为僧的人很多,但是战乱灾祸稍少于春秋、战国、秦汉等时期。那么佛教对天地未必没有功劳,又岂止是对人类呢?

【点评】

张潮认为佛教和道教寺庙除了宣扬宗教思想、使人向善和救济困顿之外,还有许多利益众生的好处,他从实际生活出发列举了寺院带给人的便利和帮助。张潮主张佛教和道教不应该被废除,不是因为因果报应或大养济院的陈词滥调,而是从社会价值和实用性来考虑的。

第七七则

虽不善书,而笔砚不可不精;虽不业医①,而验方不可不存②;虽不工弈③,而楸枰不可不备④。

江含徵曰:虽不善饮,而良酿不可不藏。此坡仙之所以为坡仙也⑤。

顾天石曰：虽不好色,而美女妖童不可不蓄。

毕右万曰：虽不习武,而弓矢不可不张。

【注释】

① 业医：行医,做医生。

② 验方：经过使用证明确有疗效的现成药方。

③ 工弈(yì)：擅长下棋。弈,下棋。

④ 楸枰(qiū píng)：棋盘。古时多用楸木制作,故名。唐代温庭筠《观棋》诗有："闲对楸枰倾一壶,黄华坪上几成卢。"

⑤ 坡仙：指苏轼,他号东坡居士,所以仰慕者称之为"坡仙"。宋代张矩的《应天长》词就有这样的称呼："换桥渡舫,添柳护堤,坡仙旧迹今续。"

【译文】

虽然不擅长书法,但笔砚不能不精良；虽然不当医生,但有效的验方不能不保存；虽然不擅长下棋,但棋盘不能没有。

江含徵说：虽然不善于饮酒,但是好酒不可以不储藏。这就是坡仙之所以成为坡仙的原因。

顾天石说：虽然不好色,然而美丽的女子和娈童不能不蓄养。

毕右万说：虽然不习武艺,但是弓箭不能不拉。

【点评】

生活中有很多东西并不是必需品,它们的存在是为生活增添情趣,或是偶尔应急,为家常日子做点缀。比如精良的笔墨、灵验的药方、偶尔一用的棋具。生活不会因为没有这些东西就令人食不甘味,但却会因为有了这些而透出些美好滋味。

第七八则

方外不必戒酒①,但须戒俗;红裙不必通文②,但须得趣。

朱其恭曰③:以不戒酒之方外,遇不通文之红裙,必有可观。

陈定九曰④:我不善饮,而方外不饮酒者誓不与之语;红裙若不识趣,亦不乐与近。

释浮村曰⑤:得居士此论⑥,我辈可放心豪饮矣。

弟东囿曰⑦:方外并戒了化缘方妙⑧。

【注释】

① 方外:世俗礼法之外,用来指僧、道等出家之人。
② 红裙:指美女。唐代韩愈《醉赠张秘书》诗:"不解文字饮,惟能醉红裙。"通文:指有学问,能读书。
③ 朱其恭:即朱慎。
④ 陈定九:即陈鼎,原名太夏,字禺鼎,又字谨村、定九、子重,号留溪,又号鹤沙,晚号铁肩道人。江阴人。少年随父远至云南,长期生活在云贵高原,考察西南少数民族的风俗民情,对云南、贵州一带的地理、历史情况很有研究,他一生著作颇丰,传世著作有传奇小说如:《留溪外传》、《留溪附传》、《留溪别传》、《留溪托传》、《邵飞飞传》等;有地方历史文献:《武备略》、《云贵人物志》、《十五国人物志》、《西陲志》、《九边志》、《海岛志》、《洞天志》、《黄山史概》等;记载动植物分类的有:《百花志》、《百草志》、《蛇谱》、《虎谱》、《百鸟谱》、《竹谱》、

《荔谱》以及反映少数民族风情的《滇黔土司婚礼记》等,另外,还有《留溪草堂诗稿》、《留溪杂著》等诗文著作及历史著作:《忠烈传》、《二十一史疑》、《明季殉难诸臣姓名录》、《三吴人物志》、《东林列传》等等。

⑤ 释浮村:不详。

⑥ 居士:旧时出家人对在家人的泛称。

⑦ 弟东囿(yòu):疑为张潮弟张渐。

⑧ 化缘:和尚、尼姑或道士向人求取馈赠。因能布施的人可与佛、仙结善缘,故称化缘。

【译文】

出家人不必戒酒,但必须戒掉俗气;女子不必能知书识字,但必须言行得体、讨人喜欢。

朱其恭说:令不戒酒的出家人遇到不识字的女子,必然有值得欣赏玩味之处。

陈定九说:我不善于饮酒,然而不喝酒的出家人立誓不与其交谈,女子如果不识趣,也不喜欢与之亲近。

释浮村说:得到居士这番言论,我们可以安心畅饮了。

弟东囿说:出家人一并戒掉化缘才好。

【点评】

与出家人结交,为的是谈禅论道,求一点超脱俗世生活的潇洒与解脱,若是仍满口俗务,未免令人厌弃。能打动张潮这种才子之心的女性,不一定要多么精通文学,通晓论文之道,但是却要知情识趣,善解人意,如"解语花"一般。张潮表达了自己的僧人与女性的审美取向,仍然是不脱"趣"字,不俗气、能知趣,也是他对交往对象的期许。

第七九则

梅边之石宜古,松下之石宜拙①,竹傍之石宜瘦②,盆内之石宜巧③。

周星远曰:论石至此,直可作九品中正④。

释中洲曰:位置相当,足见胸次⑤。

【注释】

① 拙:质朴无华。

② 瘦:形容削直、突兀。

③ 巧:小巧,精妙。

④ 九品中正:魏晋南北朝的一种官吏选拔制度,各州、郡设立中正官,将各地士人按才能分别评为九等(九品),供朝廷按等选用,谓之"九品官人法"。隋文帝废除此制,改行科举制。此处代指选拔标准。

⑤ 胸次:胸怀,胸襟。《庄子·田子方》:"行小变而不失其大常也,喜怒哀乐不入于胸次。"

【译文】

梅树边的石头应该古朴,松下边的石头应该朴拙,竹边的石头要清瘦,盆景内的石头宜奇巧。

周星远说:评论石头到这种地步,简直可以当作九品中正法。

释中洲说:安排布置恰当,足可以看出其胸襟。

【点评】

　　对美的认知,表现的既是人的眼光,也是心胸与见识。这里对石头的拣择和安排,表现的便是张潮对生活之美的理解。梅树旁边的石头宜苍老,才能与梅树的老干虬枝相照应;松树下边的石头宜笨拙,益发显得松树伟岸挺拔;竹枝旁的岩石宜瘦硬,方能突出竹子的嶙峋清气;盆景中的石头则宜巧妙,才会玲珑可爱,别有韵致。"宜"是和谐,是彼此映衬,布局恰当才能表现出意境,展现布局安排者的气度与品位。

第八○则

　　律己宜带秋气①,处世宜带春气②。
　　孙松揪曰③:君子所以有矜群而无争党也④。
　　胡静夫曰⑤:合夷惠为一人⑥,吾愿亲炙之⑦。
　　尤悔庵曰:皮里春秋⑧。

【注释】

① 律己:约束自己,要求自己。秋气:秋日的凄清、肃杀之气,此处指律己要严格冷峻。
② 春气:春气阳和,滋生万物,此处喻指待人要温和亲切。
③ 孙松揪:疑为"孙松坪",即孙致弥。
④ 有矜群而无争党:指君子庄重自尊,普遍团结人,而不和他人争强斗胜,不结党营私。矜,庄重自持。党,结党营私。此句

化用了《论语·卫灵公》中孔子的话:"子曰:'君子矜而不争,群而不党。'"

⑤ 胡静夫:即胡其毅,字致果,改名澄,字静夫,江宁人,与曹寅友善。

⑥ 合夷惠为一人:将伯夷和柳下惠的品德合于一身,指有节且廉正的人。夷惠,伯夷和柳下惠的并称,都是古代廉正之士。

⑦ 亲炙:指直接受到传授、教导。

⑧ 皮里春秋:指藏在心里不说出来的言论。《晋书·褚裒传》:"谯国桓彝见而目之曰:'季野有皮里阳秋。'言其外无臧否,而内有所褒贬也。"

【译文】

约束自己时应该带有秋天的严厉之气,对待别人时应该带有春天的温和之气。

孙松楸说:这就是君子庄重自尊,普遍团结人,不和他人争强斗胜,不结党营私的缘故。

胡静夫说:将伯夷和柳下惠合为一个人,我希望能得到他的教导。

尤悔庵说:这就是心中有议论而不说出来。

【点评】

这一则讲的是要严于律己,宽以待人。虽然简单,但却是为人处世的奥妙所在,正是尤侗所说的"皮里春秋"。律己有秋气,则能"躬自厚,而薄责于人"。在现代生活的交往中,不苛责别人,尊重别人的生活,不论断别人的言行和选择,是最基本的社交礼仪,也是非常考验风度的一个标准。

第八一则

厌催租之败意①,亟宜早早完粮②;喜老衲之谈禅,难免常常布施③。

释中洲曰:居士辈之实情,吾僧家之私冀,直被一笔写出矣。

瞎尊者曰④:我不会谈禅,亦不敢妄求布施,惟闲写青山卖耳⑤。

【注释】

① 败意:破坏兴致。
② 亟(qì):急,快速,迅速。完粮:旧指交纳田赋。
③ 布施:将金钱、实物布散施舍给别人。
④ 瞎尊者:即石涛,清初画家,原姓朱,名若极,广西桂林人,祖籍安徽凤阳,小字阿长,别号很多,如大涤子、清湘老人、苦瓜和尚、瞎尊者,法号有元济、原济等。与弘仁、髡残、朱耷合称"清初四僧"。石涛是明靖江王朱赞仪的十世孙,朱亨嘉的长子。清初,其父朱亨嘉企图称监国失败被唐王处死,若极由桂林逃到全州,在湘山寺削发为僧,改名石涛。晚年弃僧还俗,成为职业画家。清圣祖于康熙二十三年(1684)、二十八年(1689)两次南巡时,他在南京、扬州两次接驾,献诗画,自称"臣僧"。但终不得仕进,最后定居扬州,以卖画为生。有《画语录》十八章。
⑤ 闲写青山卖:出自明代唐寅的《言志》诗:"不炼金丹不坐禅,不为商贾不耕田。闲来写就青山卖,不使人间造孽钱。"意思是

作画卖钱。

【译文】

　　厌恶催租人败坏兴致,就应该早早交纳租税;喜欢与老僧谈禅论道,就难免要经常施舍财物。

　　释中洲说:居士们的实情,我们僧人的私心愿望,被一笔写出来了。

　　瞎尊者说:我不会谈禅,也不敢妄求施舍,只是作画卖钱罢了。

【点评】

　　不管是正在做什么,被催收租税的人打扰,都是很煞风景的事,再高的兴致也会消去。宋代惠洪的《冷斋夜话》中有这么一条记载,宋代诗人潘大临写信给谢无逸说,秋来景物件件是佳句,恨为俗氛所蔽翳。昨日闲卧,闻搅林风雨声,欣然起,题其壁曰'满城风雨近重阳',忽催租人至,遂败意,止此一句奉寄。"

　　针对这种败兴之事,张潮给出了自己的办法"早早完粮",从根本上避免这种情况出现。和后半句的"常常布施"一样,都是作者的生活经验谈,展现了他对人情世故的了然,同时也表现出了豁达的态度。

第八二则

　　松下听琴,月下听箫,涧边听瀑布,山中听梵呗①,觉耳中别有不同。

　　张竹坡曰:其不同处,有难于向不知者道。

倪永清曰：识得"不同"二字，方许享此清听[2]。

【注释】

① 梵呗（bài）：佛教指作法事时的歌咏赞颂之声。
② 清听：指清越入耳的声音。

【译文】

松树下听弹琴，月光下听吹箫，溪涧边听瀑布声，深山中听僧人礼佛颂曲，感觉耳中别有一番感受。

张竹坡说：这其中的不同之处，难于跟不懂的人说。

倪永清说：认识到"不同"两个字，方才允许享受这些清雅声响。

【点评】

欣赏艺术讲究环境映衬，音乐尤其如此，好的环境会将音乐烘托至新的境界。琴声清朗，松阴幽冷，松涛阵阵，令人世俗之心顿消。箫声低沉而幽咽，月光为世间的一切都勾了优美朦胧的边，这种时候最能显出箫声的如泣如诉，令人生起怀人幽怨。梵呗清净脱俗，山中万籁俱寂，益发显得清净妙乐，更觉此身超脱凡世，如在佛国。这些环境与音乐组合在一起，音乐本身的美混合了自然之声的美，境界超然，只是平常人难以领略，要有超然的品位，方能分辨出其中的"别有不同"。

第八三则

月下听禅，旨趣益远；月下说剑，肝胆益真；月下论诗，风致益幽；月下对美人，情意益笃。

袁士旦曰①：溽暑中赴华筵②，冰雪中应考试，阴雨中对道学先生③，与此况味何如？

【注释】

① 袁士旦：即袁启旭。
② 溽（rù）暑：指盛夏潮湿闷热的天气。华筵：丰盛的筵席。
③ 道学先生：指思想、作风特别迂腐的读书人。

【译文】

月下说禅论道，意旨更加深远超脱；月下说剑，豪情壮志越发慷慨磊落；月下讨论诗歌，情致更加清幽脱俗；月下与美人相对，爱悦之情越发缠绵深厚。

袁士旦说：夏季潮湿闷热的天气里赴丰盛的筵席，冰天雪地里去应对考试，阴雨连绵之中与迂腐刻板的道学先生相对，跟这些境况和情味比起来如何？

【点评】

这一则突出月亮对人类情感体验的影响。同样一件事情，在月亮之下，便有不同的审美体验。同样是说禅，月下讲起来，玄妙的旨趣衬着月夜的幽静，会令人觉得越发深远超脱。满怀豪情，月下说剑，寒光交错，形影凌乱，一腔侠气便欲喷涌而出。月下谈论诗词歌赋，其中的境界则更加幽静。美人本就娇韵动人，借着月光的朦胧清辉，简直如月中仙子一般透出光华。明代诗人高启有一句动人的诗，可以令人想见月下美人的风致——"雪满山中高士卧，月明林下美人来"。月亮的存在，为世界和人心镀上了一层柔光，有一分月光便多生一分诗意。

第八四则

有地上之山水,有画上之山水,有梦中之山水,有胸中之山水。地上者妙在邱壑深邃,画上者妙在笔墨淋漓,梦中者妙在景象变幻,胸中者妙在位置自如。

周星远曰:心斋《幽梦影》中文字,其妙亦在景象变幻。

殷日戒曰:若诗文中之山水,其幽深变幻,更不可名状。

江含徵曰:但不可有面上之山水。

余香祖曰:余境况不佳,水穷山尽矣。

【译文】

世间有大地上的山水,有画中的山水,有出现在梦中的山水,有在胸怀中的山水。地上的山水妙在洞谷幽深险远,画中的山水妙在笔墨挥洒酣畅,梦中的山水妙在景象变幻不定,胸中的山水妙在布置得当。

周星远说:心斋《幽梦影》里的文字,其美妙也在于景象的变幻不定。

殷日戒说:若是诗文中的山水,它幽静深邃、变幻不定的情境,更加无法描述。

江含徵说:但不能有脸上的山水。

余香祖说:我的境况不好,已经山穷水尽了。

【点评】

　　张潮喜爱游山玩水,其对山水的感受,自然又别具一格。地上的山水,不用说,自然是名山大川,奇山秀水,这是自然的鬼斧神工造就。画上的山水,凭借的是作画者的笔触渲染,表现的是画家的情志。最典型的是杜甫在《戏题王宰画山水图歌》中所写的:"壮哉昆仑方壶图,挂君高堂之素壁。巴陵洞庭日本东,赤岸水与银河通,中有云气随飞龙。舟人渔子入浦溆,山木尽亚洪涛风。尤工远势古莫比,咫尺应须论万里。焉得并州快剪刀,剪取吴淞半江水。"梦中山水,最出名的莫过于李白的《梦游天姥吟留别》:"我欲因之梦吴越,一夜飞度镜湖月。……脚著谢公屐,身登青云梯。半壁见海日,空中闻天鸡。千岩万转路不定,迷花倚石忽已暝。熊咆龙吟殷岩泉,栗深林兮惊层巅。云青青兮欲雨,水澹澹兮生烟。列缺霹雳,丘峦崩摧。洞天石扉,訇然中开。青冥浩荡不见底,日月照耀金银台。霓为衣兮风为马,云之君兮纷纷而来下。虎鼓瑟兮鸾回车,仙之人兮列如麻。忽魂悸以魄动,恍惊起而长嗟。惟觉时之枕席,失向来之烟霞。"真像张潮所说,"妙在景象变幻"。胸中的山水,指的不一定是实际空间,而是人对山水的审美和认识。

第八五则

　　一日之计种蕉①,一岁之计种竹,十年之计种柳,百年之计种松。

　　周星远曰:千秋之计,其著书乎?

张竹坡曰:百世之计种德②。

【注释】

① 蕉:芭蕉。芭蕉生长速度比较快,叶阔荫大,姿态秀美,所以说一日之计种蕉。

② 种德:施恩德于人。《尚书·大禹谟》:"皋陶迈种德,德乃降,黎民怀之。"

【译文】

一日之内的计划是种芭蕉,一年之内的计划是种竹子,十年之内的计划是种杨柳,百年的计划是种青松。

周星远说:千年的计划,应该是写书吧?

张竹坡说:百世的计划是树立德行。

【点评】

对事物的审美体现的是主人的爱好与情志。种芭蕉,为其叶阔荫大,既能遮阳,又可以听雨声,且成长迅速。种竹子为的是爱其宁折不弯,亭亭有风骨,正好可做一年内的安排。王子猷说:"不可一日无此君。"爱的正是其风骨。作者是根据所爱草木的个性与计划的时间来做安排,难舍的是对生活的欣赏,以及对审美趣味的坚持,妙在有情,也可称得上是这几种花木的知己。

第八六则

春雨宜读书,夏雨宜弈棋,秋雨宜检藏①,冬雨宜饮酒。

周星远曰：四时惟秋雨最难听。然予谓无分今雨旧雨②，听之，要皆宜于饮也。

【注释】

① 检藏：翻检旧藏这类琐细之事。
② 今雨：新交的朋友。旧雨：老朋友。典出唐代诗人杜甫的《秋述》："秋，杜子卧病长安旅次，多雨生鱼，青苔及榻，常时车马之客，旧，雨来，今，雨不来。"意思是宾客旧日遇雨也来，而今遇雨则不来了，初亲后疏。后用"今雨"指新交的朋友，"旧雨"则代指老朋友。

【译文】

春天下雨时适宜读书，夏天下雨时适合下棋，秋天下雨时适合翻检收藏，冬天下雨时适合饮酒。

周星远说：四季之中只有秋雨最难听。然而我认为不管是过去的朋友还是新的朋友，听秋雨，重要的是宜共饮酒。

【点评】

不同时节的雨，带给人不同的感受，反映在情绪上，则表现为选择做什么事。春雨安静，润物无声，细碎的声音进入人耳中只觉安妥，更显世界的静谧。青桐初引，天地一新，这时候最适宜临窗读书。夏雨迅疾，挟风雷之势，却来得快去得也快，一清暑气与闷热，这种时候，痛快厮杀一局，最妙不过。秋雨缠绵，连日不晴，人的情绪也会跟着低落，就像作者自己说的"秋雨如挽歌"，所以适合做一些不必费神的事情来分心遣情，忆昔追往，对读书人来说，有什么比检点旧藏更合适呢。冬雨凄冷，需要借外物来温暖，最妙是守着红泥小炉，几杯温酒，两三知交。这样的时分,简直可以天长地久。

第八七则

诗文之体得秋气为佳,词曲之体得春气为佳。

江含徵曰:调有惨淡悲伤者,亦须相称。

殷日戒曰:陶诗、欧文,亦似以春气胜。

【译文】

诗文内容以带秋天的气氛为佳,词曲内容有春天气息的为妙。

江含徵说:词调有惨淡悲伤的,也必须要相称。

殷日戒说:陶渊明的诗、欧阳修的文章,也似乎是以春天的气息占优势。

【点评】

张潮认为诗文端庄正式,风格近似秋季,不但清新高迈,而且要立意高洁才好。词曲多抒发一己衷情,风格要如春天一样温馨娇柔,那么才能生机盎然。这是张潮自己的领会和观点,其实诗文无定法,真正的大家也并非只有一种面貌。比如陶渊明,既有"不为五斗米折腰"与"采菊东篱下"的傲世秋心,也有"东园之树,枝条载荣"与"有风自南,翼彼新苗"的勃勃春气,更有"死去何所道,托体同山阿"的散淡冬意。词曲之中,苏轼与辛弃疾,则更是多豪迈而少娇柔了,"拣尽寒枝不肯栖",其孤冷萧索之意简直劈面惊心。

第八八则

抄写之笔墨,不必过求其佳;若施之缣素①,则不可不求其佳。诵读之书籍,不必过求其备;若以供稽考,则不可不求其备。游历之山水,不必过求其妙;若因之卜居②,则不可不求其妙。

冒辟疆曰:外遇之女色③,不必过求其美;若以作姬妾,则不可不求其美。

倪永清曰:观其区处条理所在④,经济可知⑤。

王司直曰:求其所当求,而不求其所不必求。

【注释】

① 缣(jiān)素:细绢,可供书画。
② 因之:靠近这个地方。卜居:择地居住。
③ 外遇:此处指已婚男子在外面有不正当的男女关系。女色:女子。
④ 区处:处理,筹划安排。
⑤ 经济:才干。

【译文】

用来抄写的笔墨,不必过于要求用很好的;假如要在白绢上书写,那么不得不要求用很好的。平时阅读用的书籍,不必过于要求齐全;假如是用来供做稽查考证,那么便不能不要求齐全。游览赏玩的山水,不必过分讲求美妙;假如就此做居住的打算,那么便不能不要求其美妙。

冒辟疆说:外遇的女子,不必过分要求她容貌美丽;若是娶做姬妾,则不能不要求她美貌。

倪永清说:看他的筹划脉络所在,其才干就可以知道了。

王司直说:要求其所应当要求的,而不要求所不必须要求的。

【点评】

与前面"笔墨不可不精"一则相映衬,这一则说的是必须要具备,如果是流水落花偶然相逢,那么一切都可以不必要求过高,但真正决定生活面貌、会在人生留下印迹的东西则要严格要求,这也是临时权宜与长久相守的区别。平常抄写、信手闲读、偶尔游览,这些都是临时性的事情,事物与人的关系是临时的、审美性的,所以可以不用要求过高。书之缣素,日常稽考,就此定居,这些都是长久的需要严肃对待的事情,所以标准必须要高。

第八九则

人非圣贤,安能无所不知?只知其一,惟恐不止其一,复求知其二者,上也;止知其一,因人言始知有其二者,次也;止知其一,人言有其二而莫之信者①,又其次也;止知其一,恶人言有其二者,斯下之下矣。

周星远曰:兼听则聪,心斋所以深于知也。

倪永清曰:圣贤大学问,不意于清语得之②。

【注释】

① 莫之信:即"莫信之",此处指不相信别人的说法。

② 清语：清谈高论。此处指《幽梦影》。

【译文】

普通人不是圣贤，怎么能什么都知道？只知道事物一方面的道理，生怕它并非只有这方面的道理，而再求知道另一方面道理的，这是上等的；只知道其中一方面的道理，因听人家说才知道还有另一方面道理的，这是次等的；只知道其中一方面的道理，有人告诉他另一方面的道理，他却不相信，这是又差一等的；只知道其中一方面的道理，却厌恶人家说还有另一方面道理的，这是下等中的下等了。

周星远说：多方面听取意见，才能明辨是非，这也是心斋知识深厚的原因。

倪永清说：圣贤的大学问，没想到从清谈言论中得到了。

【点评】

知识需要累积，没有人生来就什么都懂得，要努力思考探求，方能获得多于旁人的知识。不能只知其一就心满意足，止步不前，明白自身的浅薄，才能永远向前。

第九〇则

史官所纪者，直世界也①；职方所载者②，横世界也③。

袁中江曰：众宰官所治者④，斜世界也。

尤悔庵曰：普天下所行者，混沌世界也。

顾天石曰：吾尝思天上之天堂，何处筑基？地下之地狱，何处出气?世界固有不可思议者。

【注释】

① 直世界:史官所记载的历史,因为是以时间为线索,纵向发展,所以称为直世界。直,纵向的。
② 职方:官名,掌天下地图与四方职贡。《周礼·夏官》中规定职方的职责是主管地图和四方贡物,后来历代多设此职,掌管舆图、军制、城隍、镇戍等。
③ 横世界:职方掌管舆图与四方职贡,他所记载的事情都是按照空间横向分布的,所以称为横世界。
④ 宰官:泛指官吏。

【译文】

史官所记载的历史,是纵向的世界;掌管地图的官吏所记载的,是横向的世界。

袁中江说:众位官员所治理的,是歪斜的世界。

尤悔庵说:全天下人所行的,是混沌不清的世界。

顾天石说:我曾经思索天上的天堂,在什么地方建造地基?地底下的地狱,在何处排放空气?世界上本来就有无法理解的地方。

【点评】

史书之中记载的内容以事为主,按时间顺序,对世界展开记录和描写,而掌管地图的人所记录的地域与方位,空间是基础。同样是对世界的记录,这两者反映的是不同的角度和方面。

第九一则

先天八卦①,竖看者也;后天八卦②,横看者也。

吴街南曰:横看、竖看,皆看不着。

钱目天曰③:何如袖手旁观④?

【注释】

① 先天八卦:又称伏羲八卦,传说是由伏羲根据河图所画。伏羲八卦次序基于《周易·系辞上》中"太极、两仪、四象、八卦"的宇宙万物生成过程:阴阳未分的太极生成阴阳两仪;阴和阳又各自生成新的阴阳,即四象;四象中每一象又再次生成新的阴阳,成为八卦。它的方位是乾南坤北,离东坎西。

② 后天八卦:即文王八卦。文王将《周易》的八卦演为六十四卦,其次序源自《周易·说卦》中对卦象象征意味的解释。方位是离南坎北,震东兑西,与"先天八卦"有所不同。

③ 钱目天:不详。

④ 袖手旁观:把手笼在袖子里,在一旁观看。比喻置身事外,既不过问,也不协助别人。唐代韩愈《祭柳子厚文》:"不善为斫,血指汗颜,巧匠旁观,缩手袖间。"

【译文】

先天八卦,看的是时间纵向的发展;后天八卦,看的是空间横向的联系。

吴街南说:横向看、竖向看,都看不着。

钱目天说:把手笼在袖子里,在一旁观看怎么样?

第九二则

藏书不难,能看为难;看书不难,能读为难;读书不难,能用为难;能用不难,能记为难。

洪去芜曰①:心斋以能记次于能用之后,想亦苦记性不如耳。世固有能记而不能用者。

王端人曰②:能记、能用,方是真藏书人。

张竹坡曰:能记固难,能行尤难。

【注释】

① 洪去芜:即洪嘉植。

② 王端人:不详。

【译文】

收藏书籍并不困难,能全部看完是困难的;看书并不困难,困难的是理解书中的内容;理解书中内容也不困难,困难的是会用书中的知识;会用书中的知识也不困难,困难的是看了便能牢记不忘。

洪去芜说:心斋将能牢记放在会用之后,想必也是苦于记性不如人吧。世界上确实有能记住却不会用的人。

王端人说:能记、能用,才是真正的藏书之人。

张竹坡说:能记确实很难,能履行更加困难。

【点评】

　　这一则可以看做是张潮对自己搜书、藏书事业的总结。他曾在《檀几丛书》一集序中表达过类似的观点:"天下非无书可读之为难,而聚书为难;非徒聚书之为难,而聚而传之为难。聚之者所以供我之读,传之者所以供天下千万世人之读也。""我一人读之而乐,则天下之人读之乐从可知矣,天下之人读之而乐,则千万世之人读之而乐亦从可知矣。夫至天下与千万世人皆读之而乐,则著书者之心与聚书者之心不咸大慰乎哉!"

第九三则

　　求知己于朋友易,求知己于妻妾难,求知己于君臣则尤难之难。

　　王名友曰:求知己于妾易,求知己于妻难,求知己于有妾之妻尤难。

　　张竹坡曰:求知己于兄弟亦难。

　　江含徵曰:求知己于鬼神则反易耳。

【译文】

　　在朋友之中寻找知己容易,由妻妾中探求知己是困难的,在君臣相处中欲求知己则是难上加难。

　　王名友说:于妾寻求做知己容易,于妻子寻求做知己是困难的,于有妾的妻子寻求做知己更难。

　　张竹坡说:寻求与兄弟做知己也是困难的。

江含徵说:在鬼神中寻求知己反而是容易的。

【点评】

　　知己难得,在与自己志趣相投的朋友中寻找,尚且算是比较容易,若是向妻妾或君臣中寻求则是不容易的事情,因为各有所处与所求,立足点便各有不同。求知己于妻子,第一难在相投,古代夫妇结合,多为父母之命、媒妁之言,没有婚前交往与理解的可能性,所以婚后相处志趣不一定相投。第二难在关系过于亲昵,闺中相处,感情相投者则如胶似漆,彼此爱悦,持论便不能客观。最典型的是《战国策》中的邹忌,他问妻妾自己和城北徐公比谁更美,妻子和侍妾都说他更美,一则出自护爱,一则出自畏惧。至于求知己于君臣交往,更是难上加难,君主高高在上,平等相处都做不到,何况是做知己!古代君臣之间交往,最受推崇的是唐太宗和魏徵,魏徵死后,唐太宗亲自到灵前哭奠,甚至发出过"以人为鉴,可明得失"的感慨,感情不可谓不厚。但就在其死后不久,因为怀疑魏徵结党、留谏书邀誉,太宗一怒之下,令人推倒了他亲自为魏徵书写的墓碑。《新唐书·魏徵传》中说:"君臣之际,顾不难哉!以徵之忠,而太宗之睿,身殁未几,猜谮遽行。"陈寅恪在《金明馆丛稿初编》中也说:"幸其事发觉于徵已死之后,否则必与张亮、侯君集同受诛戮,停婚仆碑犹是薄惩也。"君臣相交之难,由此可见。

第九四则

　　何谓善人?无损于世者则谓之善人;何谓恶人?有害于世者则谓之恶人。

江含徵曰：尚有有害于世，而反邀善人之誉，此实为好利而显为名高者，则又恶人之尤。

【译文】

什么叫善人？对世界没有损害的就叫做善人；什么叫恶人？对世界有危害的就叫做恶人。

江含徵说：尚且还有对世人有所损害，反倒得到善人的名誉的，这是本质上贪图好处而外表反倒名声清高的，更是恶人中的尤恶者。

【点评】

张潮认为对世界没有损害，不伤害他者，就是善人，对世界有危害的就是恶人。这是一个基本而宽泛的善恶观，对世界有所危害的，也有可能是被逼反抗的普通人；对世界没有危害的，也可能只是没有作恶的机会而已。至于怎样才算构成危害，作者并没有再进一步的定义。

第九五则

有工夫读书，谓之福；有力量济人，谓之福；有学问著述，谓之福；无是非到耳，谓之福；有多闻、直、谅之友①，谓之福。

殷日戒曰：我本薄福人，宜行求福事，在随时儆醒而已②。

杨圣藻曰：在我者可必，在人者不能必。

王丹麓曰：备此福者，惟我心斋。

李水樵曰③：五福骈臻固佳④，苟得其半者，亦不得谓之无福。

倪永清曰：直谅之友，富贵人久拒之矣，何心斋反求之也？

【注释】

① 多闻：见识广博。直：正直敢言。谅：诚信不欺。这三者出自《论语·季氏》："益者三友，损者三友。友直，友谅，友多闻，益矣；友便辟，友善柔，友便佞，损矣。"

② 儆(jǐng)醒：警诫而使醒悟。

③ 李水樵：即李淦。

④ 五福：张潮此则列举的五福与世俗生活的五种幸福不同。《尚书·洪范》："五福：一曰寿，二曰富，三曰康宁，四曰攸好德，五曰考终命。"汉代桓谭的《新论》中认为："五福：寿、富、贵、安乐、子孙众多。"骈臻(pián zhēn)：并至，一并到来。

【译文】

有时间读书，可算是福气；有力量去帮助别人，可算是福气；有学问去著书立说，可算是福气；没有是非闲话传到耳边，可算是福气；有学识广博、正直、守信的朋友，可算是福气。

殷日戒说：我本来就是没什么福气的人，要做求得福气的事，在于随时警诫提醒罢了。

杨圣藻说：要求于我自己的可以必备，要求于他人的不用必须具备。

王丹麓说：具备这几种福气的，只有心斋。

李水樵说：五种福气全都得到固然很好，假若得到其中一半，也不能说是没有福气。

倪永清说：正直诚信的朋友，富有尊贵的人一直拒绝与他们交往，为何心斋反而寻求与他们相交?

【点评】

　　对于怎样才算是幸福人生,怎样才算是一个幸福的人,张潮有很多思考。既有像"值太平世,生湖山郡;官长廉静,家道优裕;娶妇贤淑,生子聪慧"与"十岁为神童,二十三十为才子,四十五十为名臣,六十为神仙"这样的完美想象,也有像此处一样平实可靠的标准。对于一个普通读书人来说,有福就是:有时间可以随心所欲地读书,不必耗费岁月与精力为稻粱谋;是自身可靠,同时能有余力帮助别人;是有足够的知识储备,能著书立说;是生活清平安定,周围的人谨慎有节,没有人在耳边谈论是非闲话;是有益友在身边,可以共同悠游岁月。这几条都是相对比较平实的标准,虽然不易完全具备,但却不靠上天运气,不靠祖荫,可以以个人之力去追求,普通人也总能在某时某地实现其中一两条,感受到其中的喜悦与满足。

第九六则

　　人莫乐于闲,非无所事事之谓也。闲则能读书,闲则能游名胜,闲则能交益友,闲则能饮酒,闲则能著书。天下之乐,孰大于是?

　　陈鹤山曰:然则正是极忙处。

　　黄交三曰:闲字前有止敬功夫[①],方能到此。

　　尤悔庵曰:昔人云"忙里偷闲",闲而可偷,盗亦有道矣。

李若金曰：闲固难得，有此五者，方不负闲字。

【注释】

① 止敬：意思是做臣子的要严谨不能放肆。此处指的是对于"闲"要有谨慎端正的态度。出自《大学》："为人君止于仁，为人臣止于敬。"

【译文】

一个人再也没有比安闲更快乐的了，但安闲并不是指到处游荡，不做正事。有闲就可以读书，有闲就可以游览名胜，有闲暇就可以结交良友，有闲暇就可以畅饮美酒，有闲暇就可以撰写书籍。世界上的快乐，有什么比这更大呢？

陈鹤山说：然而这正是极忙碌之处。

黄交三说：闲字前面有端正严谨的态度，方能到这种境界。

尤悔庵说：古人说"忙里偷闲"，闲暇若能够偷来，可算是盗贼也有其道义了。

李若金说：闲暇固然难得，然而有了这五种，方能不辜负闲字。

【点评】

对于张潮来说，闲既是闲情也是闲趣，是一切审美生活的基础。他的闲，并不是世俗所认为的什么事都不用做，而是利用闲适来读书、游览、交游、著述，这是消磨清闲时光的最佳方式。这几件事都要求一定的志趣和修养，作者"能忙世人之所闲"，也是有福的一种，难怪他要说"清闲可以当寿考"。

第九七则

文章是案头之山水,山水是地上之文章。

李圣许曰:文章必明秀,方可作案头山水;山水必曲折,乃可名地上文章。

【译文】

文章是书案上的山水,山水是大地上的文章。

李圣许说:文章必须明净秀美,方能做书桌上的山水;山水必须曲折动人,才能称为大地上的文章。

【点评】

好文章要有佳山水的风情,好山水又要有妙文章的奇趣,其动人之处是有共同的审美标准。好文章要尺水兴波,急缓有节,最好迂回辗转,于出人意料之处别开生面。不仅如此,还要巧妙布局,相互映衬,如云生满谷,月照长空;作者巧心运笔,纷杂之中也要有明确的主线安排,一以贯之,令人如行山阴道上,虽"千岩竞秀,万壑争流","山川自相映发,使人应接不暇",但却有脚下一条道路由始至终。

佳山水也要如文章一样位置精妙,境界超群,具有鲜明的特色。如黄山,山势险峻,云海弥漫,变化万千,奇妙莫测,便如李贺的诗文一般,令人瞠目结舌;武夷山秀美,山不甚高却迤逦绵延,九曲溪水迂回其间,每一步皆有秀色,就好像是在读清言小品,处处皆有隽永滋味。

第九八则

平上去入①,乃一定之至理。然入声之为字也少,不得谓凡字皆有四声也。世之调平仄者②,于入声之无其字者,往往以不相合之音隶于其下。为所隶者,苟无平上去之三声,则是以寡妇配鳏夫③,犹之可也。若所隶之字自有其平上去之三声,而欲强以从我,则是干有夫之妇矣,其可乎?

姑就诗韵言之④。如东、冬韵⑤,无入声者也,今人尽调之以东、董、冻、督。夫"督"之为音,当附于都、睹、妒之下;若属之于东、董、冻,又何以处夫都、睹、妒乎?若东、都二字,俱以"督"字为入声,则是一妇而两夫矣。三江无入声者也⑥,今人尽调之以江、讲、绛、觉。殊不知"觉"之为音,当附于交、绞、教之下者也。诸如此类,不胜其举⑦。

然则如之何而后可?曰:鳏者听其鳏,寡者听其寡;夫妇全者安其全,各不相干而已矣。东、冬、欢、桓、寒、山、真、文、元、渊、先、天、庚、青、侵、盐、咸诸部⑧,皆无入声者也。屋、沃内如秃、独、鹄、束等字⑨,乃鱼、虞韵内都、图等字之入声;卜、木、六、仆等字,乃五歌部之入声。玉、菊、狱、育等字,乃尤部之入声。三觉、十药,当属于萧、肴、豪。质、锡、职、缉,当属于支、微、齐。质内之橘、卒,物内之郁、屈,当属于虞、鱼。物内之勿、物等音,无平上去者也。讫、乞等四支之入声也。陌部乃佳、灰之半、开、来等字之入声也。月部之月、厥、阙、谒等,及屑、叶二部,古无平上去,而今则为中州韵内车、遮诸字之入声也⑩。伐、发等字,及曷部之括、适,及八黠全部,又十五合内诸字,又十七洽全部,皆六麻之入声也。曷内之撮、阔等字，合部之合、盒数字，皆无平上去者也。若以缉、合、叶、洽为闭口韵⑪，则止当谓之无平上去之寡妇，而不当调之以侵、寝、缉、咸、喊、陷、洽也。

　　石天外曰：中州韵无入声，是有夫无妇，天下皆成旷夫世界矣⑫！

【注释】

① 平上去入：古汉语字音的声调有平声、上声、去声、入声四种，总称"四声"。

② 平仄：平声和仄声。平，指四声中的平声。仄，指四声中的上、去、入三声。旧体诗词和骈俪文所用字音必须平仄相互交替，使声调谐协，谓之调平仄。

③ 鳏(guān)夫：成年无妻或丧妻的人。

④ 诗韵：诗词用韵所依据的韵书。宋以后通用《平水韵》，平、上、去、入四声共一百零六韵。

⑤ 东、冬韵：这两个都是平声韵部，是平水韵上平中的一东、二冬两个韵部。

⑥ 三江：与三讲、三绛、三觉是配合使用的平、上、去、入四个韵部。

⑦ 不胜其举：无法一一全举出来，形容为数极多。

⑧ 诸部：一东、二冬、十四寒（欢、桓属这个韵部）、十五删（山属于这个韵部）、十一真、十二文、十三元均为上平声韵部，一先（渊、天属于这个韵部）、八庚、九青、十二侵、十四盐、十五咸均为下平声韵部。

⑨屋、沃：一屋、二沃为入声韵部。下面列出的四支、五微、六鱼、七虞、八齐、九佳、十灰等为上平声韵部，二萧、三肴、四豪、五歌、六麻、十一尤等为下平声韵部，二十六寝、二十七感（喊属于这个韵部）为上声韵部，三十陷为去声韵部，三觉、四质、五物（乞、讫属于这个韵部）、六月（发、伐属于这个韵部）、七易、八点、九屑、十药、十一陌、十二锡、十三职、十四缉、十五合、十六叶、十七洽等为入声韵部。

⑩中州韵：元代周德清《中原音韵》、卓从之《中州乐府音韵类编》等书中总结的音韵体系，也称"中原音韵"。中州韵有阴平、阳平、上、去四声而无入声，字音归为十九韵类，每韵分阴平、阳平、上声、去声四部，入声字分别派入阳平、上、去声中。最早使用中州韵的是元代的北曲。元明以来许多剧种都继承了这个字音传统，但又都参酌本地语音加以变化发展。车和遮是中州韵的第十四个韵部。

⑪闭口韵：音韵学中指以双唇音 m 或 b 收尾的韵母。

⑫旷夫：成年而未娶妻的男子。此处是因为中州韵没有入声字，不能与平声相配，所以就好像是一个全是无妻男子的世界。

【译文】

声调分平声、上声、去声、入声，这是确定不变的准则。然而入声字本身就少，不能认为所有字都具备四声。世上研究平仄音韵的人，在某个字没有入声的情况下，往往把不合韵的字归属在它的下面。这个被归入的字，若是没有平、上、去三声的话，那就是把寡妇配给光棍，尚且说得过去。要是被归入的那个字本身有其平、上、去三声，而要勉强它归属于入声,那就是冒犯有夫之妇,这怎么可以呢?

　　姑且就诗韵来说吧,如冬、东这两个韵部,都没有入声,现在的人都用东、董、冻、督来与它们协调。"督"这个音,应当附属在都、睹、妒的后面;如果将它附属在东、董、冻后面,那又怎么处置都、睹、妒呢?若是东、都两个韵部都用"督"来做入声,那就是一个妇人而有两个丈夫了。三江这个韵部没有入声,现在的人都注成江、讲、绛、觉。殊不知"觉"这个音,应当附属于交、绞、教的下面。像这样的例子,举也举不完。

　　既然这样,怎么处置才算合理呢?我认为:光棍就让他做光棍,寡妇就让她做寡妇;夫妇相配的,就让他们安于齐全的现状,这几种情况互不相干就好了。东、冬、欢、桓、寒、山、真、文、元、渊、先、天、庚、青、侵、盐、咸等韵部,都没有入声字。屋、沃等韵部内像秃、独、鹄、束等字,是鱼、虞等韵部内的都、图等字的入声;卜、木、六、仆等字,是五歌部的入声。玉、菊、狱、育等字,是尤这个韵部的入声。三觉、十药,应当归属于萧、肴、豪。质、锡、职、缉,应当归属于支、微、齐。质这个韵部里的橘、卒,物部的郁、屈,应当归属于虞、鱼。物这个韵部的勿、物等音,没有平声、上声和去声。讫、乞等字是四支韵部的入声。陌这个韵部是佳、灰这两部的半、开、来等字的入声。月部的月、厥、阙、谒等字,以及屑、叶两个韵部,古代没有平声、上声和去声,而如今则是中州韵内车、遮等字的入声字。伐、发等字,以及曷部的括、适,以及八黠这个韵部的所有字,加上十五合这个韵部的字,再加上十七洽这个韵部的所有字,都是六麻这个韵部的入声。曷部中的撮、阔等字,合部中的合、盍几个字,都没有平声、上声和去声。若是将缉、合、叶、洽等字做为闭口韵,那么只能认为它们是没有平声、上声和去声的寡妇,而不能用侵、寝、缉、咸、喊、陷、洽等字来协调。

　　石天外说:中州韵没有入声,是有丈夫而没有妇人,全天下都成了光棍世界了。

第九九则

《水浒传》是一部怒书①,《西游记》是一部悟书②,《金瓶梅》是一部哀书③。

江含徵曰:不会看《金瓶梅》,而只学其淫,是爱东坡者,但喜吃东坡肉耳④。

殷日戒曰:《幽梦影》是一部快书⑤。

朱其恭曰:余谓《幽梦影》是一部趣书。

【注释】

① 怒书:《水浒传》中写英雄结义,啸聚山林,表现的是人生走投无路被逼造反的愤怒,所以称之为怒书。

② 悟书:《西游记》借取经写了大量宗教内容,通过八十一难写挫折与勘破,最终悟道取得真经。

③ 哀书:《金瓶梅》写世情与享乐,其中随处可见人性的堕落,作者在写各色人物的同时,怀着一种悲天悯人的情怀,写出了人生的悲哀与无可奈何。

④ 喜吃东坡肉:典出《雅谑》:"陆宅之善谑,每语人曰:'吾甚爱东坡。'或问曰:'东坡有文,有赋,有字,有东坡巾,君所爱何者?'陆曰:'吾甚爱一味东坡肉。'闻者大笑。"东坡肉,传说由苏东坡创制的一种烹煮猪肉的方法。清人翟灏《通俗编》卷十四载:"《东坡集》诗:'黄州好猪肉,价贱如粪土;富者不肯吃,贫者不解煮。慢着火,少着水,火候足时他自美。每日起来打一

碗,饱得自家君莫管。'按今俗谓烂煮肉曰'东坡肉',由此。"

⑤ 快书:通透快意的书。

【译文】

《水浒传》是一部抒写愤怒的书,《西游记》是一部悟道的书,《金瓶梅》是一部哀世的书。

江含徵说:不会看《金瓶梅》,而只学其中的淫乱,是喜欢苏东坡但却只是爱吃东坡肉罢了。

殷日戒说:《幽梦影》是一部舒畅快意的书。

朱其恭说:我认为《幽梦影》是一部有趣的书。

【点评】

《水浒传》写英雄聚义,表现的是人世间的不公与不平,书中写的是人生被迫走投无路时的悲愤。一百零八位好汉,各有其愤怒之处,正是这愤怒的洪流举起了替天行道的大旗。李贽评论《水浒传》时说:"施、罗二公在元,心在宋;虽生元日,实愤宋事。是故愤二帝之北狩,则称大破辽以泄其愤;愤南渡之苟安,则称灭方腊以泄其愤。"

《西游记》写取经故事,唐僧师徒四人历经磨难,但实际上想要表现的是个人的修道与开悟。作者在书中写道:"猿猴道体配人心,心即猿猴意思深。大圣齐天非假论,官封弼马是知音。马猿合作心和意,紧缚牢拴莫外寻。万相归真从一理,如来同契住双林。"孙悟空的形象所代表的其实是人的本心。明代谢肇淛在《五杂俎》中评论《西游记》说:"以猿为心神,以猪为意之驰,其始之放纵,上天下地,莫能禁制,而归于金箍一咒,能使心猿驯伏,至死靡他,盖亦求放心之喻。"

《金瓶梅》在写西门庆骄奢淫逸生活的同时也有大量的世情描写,

作者对其笔下的人物不留情面，写出了人性的堕落和不堪，但在这背后，作者始终怀抱一颗悲天悯人之心。本书中与张潮叔侄相称的张竹坡曾点评过《金瓶梅》，并提出了"苦孝说"："《金瓶梅》何为而有此书也哉？曰：'此仁人志士孝子悌弟，不得于时，上不能问诸天，下不能告诸人，悲愤呜咽，而作秽言以泄愤也。'"他的观点，大约也对张潮有所影响。

第一○○则

读书最乐，若读史书则喜少怒多。究之，怒处亦乐处也。

张竹坡曰：读到喜怒俱忘，是大乐境。

陆云士曰：余尝有句云："读《三国志》[①]，无人不为刘[②]；读《南宋书》[③]，无人不冤岳[④]。"第人不知怒处亦乐处耳。怒而能乐，惟善读史者知之。

【注释】

①《三国志》：是由西晋陈寿所著，记载三国时代历史的断代史。

② 无人不为刘：没有人不站在刘备这一边。

③《南宋书》：是明人钱士升撰写的一部纪传体南宋史著作。

④ 无人不冤岳：没有人不替岳飞感到冤屈。

【译文】

读书是人生最快乐的事，但如果是读史书却喜悦少而愤怒多。推究起来，这愤怒之处也正是快乐之处。

张竹坡说：读到喜悦和愤怒全都忘记，是大乐的境界。

陆云士说:我曾经写过句子说:"读《三国志》,没人不站在刘备这一边;读《南宋书》,没人不替岳飞感到冤屈。"但是人们不知道愤怒之处也正是快乐之处。愤怒而能感到快乐,只有善于读史书的人明白。

【点评】

读书是最令人愉快的事,但是难免会将自身的感情投射到书中人物身上,史书中多英雄末路、忠臣被馋、民生多艰的故事,因此难免令人心生愤怒。但是张潮认为这种愤怒也是读书之乐的一种,这既说明读者全情投入,也说明书籍引人入胜。金圣叹在点评《水浒传》中劫法场救宋江之事时曾说:"吾尝言读书之乐,第一莫乐于替人担忧。然若此篇者,亦殊恐得乐太过也。"表达的也是同样的意思。

第一〇一则

发前人未发之论,方是奇书;言妻子难言之情①,乃为密友。

孙恺似曰:前二语是心斋著书本领。

毕右万曰:奇书我却有数种,如人不肯看何?

陆云士曰:《幽梦影》一书所发者,皆未发之论;所言者,皆难言之情。"欲语羞雷同"②,可以题赠。

【注释】

① 言妻子难言之情:能够对他说跟妻子、儿女也难以诉说的衷情。妻子,妻子儿女。

② 欲语羞雷同:出自唐代诗人杜甫的《前出塞》九首之九:"从军十

年余,能无分寸功。众人贵苟得,欲语羞雷同。中原有斗争,况在狄与戎。丈夫四方志,安可辞固穷。"本意是不愿同他人一样争功。此处指立意不与他人雷同,发别人所未发之议论。

【译文】

能阐发前人没提出过的观点,才算是奇书;能谈及对妻子儿女都难言的衷情的人,方是亲密无间的朋友。

孙恺似说:前两句话是心斋写书的能耐。

毕右万说:奇书我倒是有好几种,可别人不肯看怎么办?

陆云士说:《幽梦影》一书所发表的,都是别人没发出过的议论;所说的,都是难以表达的感情。"欲语羞雷同"这句诗,可以拿来作为题赠。

【点评】

张潮重视文章的趣味性和独创性,他在选文辑书的时候也是秉持这样的标准进行的,在编选《虞初新志》的时候就提出过"事奇而核"的要求。"发前人未发之论",说的正要新奇独创。

能够倾诉对妻儿都不能说的事情,张潮对密友的定义标准是非常高的,这不仅要与对方相知相契,还要绝对信任。能做到这一点的朋友是非常难得的,能遇到这样的朋友也是非常幸运的事情。

第一〇二则

一介之士①,必有密友,密友不必定是刎颈之交②。大率虽千百里之遥,皆可相信,而不为浮言所动;闻有谤之者,即多方为之辩析而后已;事之宜行宜止者,代为筹画决断;或事当利害关头,有所需而后济者,即不必与闻③,亦不虑其负我与否,竟为力承其事。此皆所谓密友也。

殷日戒曰:后段更见恳切周详,可以想见其为人矣。

石天外曰:如此密友,人生能得几个?仆愿心斋先生当之。

【注释】

① 一介之士:一个普通人。一介,一个,多指一个人,多含有藐小、卑贱的意思。用于自称为谦词。《礼记·杂记上》:"寡君有宗庙之事,不得承事,使一介老某相执绋。"

② 刎(wěn)颈之交:比喻可以同生死、共患难的朋友。

③ 不必与闻:不必参与其事并且得知内情。

【译文】

一个人必定要有密友。密友不一定就是同生死、共患难的刎颈之交。大致来说,即使相隔千百里之遥,都能彼此信任,不因谣言而动摇;听到别人诽谤自己的朋友,便多方面为他辩白剖析,澄清事实才罢;遇事哪些该做、哪些不该做,替朋友计划决断;有时事情处在关键时刻,需要破费才能办成的,就不一定要让朋友知道,也不考虑他是否会辜负自己,毫不犹豫地尽力替他承担这件事情。这些都是所说的密友。

殷日戒说:后段更看得出诚恳细致,可以想象出他的为人了。

石天外说:像这样的密友,人一生能得到几个?我希望心斋先生能做这种密友。

【点评】

上一则提出了对密友的定义标准,这一则张潮则对此进行了细致地阐释。密友不一定要同生共死,但是必须要彼此信任,这种信任表现在相隔千里、流言满耳,对方又无法自证清白的时候,也能坚信对方的人品,为之辩白,帮助对方解决烦恼,这样的朋友才能称得上是密友。这种朋友与其说是理想中的人物,倒不如说是张潮在对现实失望之后的强自开解。康熙三十八年(1699),他因事牵连下狱,无人援手,这对交游广阔的他来说无疑是痛苦的。现实中无处可求,那么就只能用这种设想来安慰自己。

第一○三则

风流自赏①,只容花鸟趋陪②;真率谁知?合受烟霞供养。

江含徵曰:东坡有云:"当此之时,若有所思而无所思③。"

【注释】

① 风流自赏:以卓越的才华和超俗的风范而自我欣赏。
② 趋陪:趋承陪侍。
③ 当此之时,若有所思而无所思:出自苏轼《书临皋亭》:"东坡居士酒醉饭饱,倚于几上。白云左缭,清江右洄,重门洞开,林峦岔入。当是时,若有所思而无所思,以受万物之备,惭愧!惭愧!"

【译文】

文采风流而自我欣赏,只容花鸟相随为伴;天真率直的心地无人明了,当然应该纵情湖山,兴寄烟霞。

江含徵说:苏东坡说过:"处在这种时候,好像有所思虑而又没什么思虑。"

【点评】

风流自命的人,在现实中处处碰壁,只愿意与无所求、无机心的花鸟为伴,心底率真的人也只好寄情于山水烟霞之间,世俗名利对他来说,都是不堪其扰的东西。选择了某种生活状态,那么就必然要接受其中的孤寂与清冷。

第一〇四则

万事可忘,难忘者名心一段;千般易淡,未淡者美酒三杯。

张竹坡曰:是闻鸡起舞、酒后耳热气象①。

王丹麓曰:予性不耐饮,美酒亦易淡。所最难忘者,名耳!

陆云士曰:惟恐不好名,丹麓此言具见真处。

【注释】

① 闻鸡起舞:听到鸡叫就起来舞剑。后比喻有志报国的人及时奋起。典出《晋书·祖逖传》:"中夜闻荒鸡鸣,蹴琨觉,曰:'此非恶声也。'因起舞。"酒后耳热:形容喝酒喝得正高兴的时候。

【译文】

万事都可以忘却,不能忘却的是一点名利之心;千般情怀都容易冷淡,不能淡忘的是美酒三杯。

张竹坡说:这是闻鸡起舞、喝酒喝到高兴时的气概。

王丹麓说：我生性不能饮酒，美酒也容易冷淡。最不能忘怀的，名声罢了！

陆云士说：生怕不爱好名声，丹麓这番话足见真诚。

【点评】

建功立业、扬名显亲是古代文人的奋斗目标，张潮的前半生也走在这条路上，只是科场困顿、累试不第，不得不放弃求取功名。但这并不是一件容易的事情，所以才难以忘却。酒可以消愁，可以解闷，可以浇心中不平之事。人生的困苦烦闷既多，美酒自然令人难以放下。陶渊明早就说过："天运苟如此，且尽杯中物。"杜甫也说："莫思身外无穷事，且尽生前有限杯。"

第一〇五则

芰荷可食①，而亦可衣；金石可器②，而亦可服。

张竹坡曰：然后知濂溪不过为衣食计耳③。

王司直曰：今之为衣食计者，果似濂溪否？

【注释】

① 芰(jì)荷：指菱与荷。两者都可食用。《楚辞·离骚》："制芰荷以为衣兮，集芙蓉以为裳。"

② 金石：既指用来加工成器具的金属和石头，又指古代道家的丹药。器：制成器具。

③ 濂溪：即周敦颐，原名敦实，字茂叔，号濂溪，道州人，人称濂溪

先生。北宋官员、理学家,宋明理学创始人之一。他曾经写过《爱莲说》,表达对莲花的喜爱。

【译文】

菱与荷既能食用,又可以制成衣服穿;金石可以制作器具,而且也可以用来服食。

张竹坡说:由此可以知道周濂溪爱荷花不过为衣食计罢了。

王司直说:如今这些为衣食计的人,果然像周濂溪那样清高耿直吗?

【点评】

古代的隐士经常以美好的花卉来做饮食和装饰,屈原在《离骚》中曾经写过:"制芰荷以为衣兮,集芙蓉以为裳。"以此表示自己的高洁,后世隐逸之人也继承了这一传统。金石可以制成器具或装饰品,但修道之人也用金石来炼制仙药。魏晋时期流行的"五石散"就是金石制成的,其中有紫石英、白石英、赤石脂、钟乳石、硫黄等矿石,服食后令人燥热,需要行散、吃冷的食物,所以当时名士多宽衣博带,以便于散热。金石丹药具有毒性,服食过多容易中毒,历史上有很多因服食丹药而身亡的例子,确实是"服食求神仙,多为药所误"。

第一〇六则

宜于耳复宜于目者,弹琴也,吹箫也;宜于耳不宜于目者,吹笙也[①],管也[②]。

李圣许曰:宜于目不宜于耳者,狮子吼之美妇人也[③];不宜于目并不宜于耳者,面目可憎、语言无味之纨袴子也④。

庞天池曰:宜于耳复宜于目者,巧言令色也⑤。

【注释】

① 笙:管乐器名,一般用十三根长短不同的竹管制成。

② 管:笛子。

③ 狮子吼:喻悍妻怒骂之声。苏轼有《寄吴德仁兼简陈季常》诗:"龙丘居士亦可怜,谈空说有夜不眠。忽闻河东狮子吼,拄杖落手心茫然。"陈季常是宋代诗人陈慥,他好谈佛,而其妻悍妒,故苏轼以佛家语赋诗戏之。亦省作"狮吼"。

④ 纨袴(wán kù)子:衣着华美的年轻人。旧时指富贵人家成天吃喝玩乐、不务正业的子弟。

⑤ 巧言令色:用动听的言语和伪善的面目取悦于人。巧言,花言巧语。令色,讨好的表情。《论语·学而》:"巧言令色,鲜矣仁。"

【译文】

既好听而又悦目的,是弹琴、吹箫;好听而看上去不太雅观的,是吹笙、吹笛子。

李圣许说:适合看而不适合听的,是高声大骂的美丽妇人;不适合看也不适宜听的,是面目令人憎恶、言语无聊的纨绔子弟。

庞天池说:既好听又好看的,是用动听的言语和伪善的面目取悦于人的行为。

【点评】

音乐表演是一种听觉和视觉的综合享受,欣赏音乐不光是为其声而陶醉,也为演出者的肢体动作而神迷。由于乐器形制和演奏方式的不同,表演者的动作也不同。琴和箫都是声音既高雅,表演者动作也漂亮的,因而赏心悦目。而笙和笛子在演奏的时候则要鼓起两腮、撮起嘴巴,姿态并不雅观,是只适合听但并不适合观看。这说的并不是音乐的高下,而是对演奏姿势的看法,可算是张潮对生活的一点小观察。

第一〇七则

看晓妆,宜于傅粉之后①。

余淡心曰:看晚妆,不知心斋以为宜于何时?

周冰持曰②:不可说,不可说!

黄交三曰:"水晶帘下看梳头"③,不知尔时曾傅粉否?

庞天池曰:看残妆,宜于微醉后,然眼花撩乱矣。

【注释】

① 傅(fù)粉:搽粉。

② 周冰持:即周稚廉,字冰持,号可笑人,清江苏松江人。少时以《钱塘观潮赋》知名,康熙中叶在扬州遇孔尚任,曾以诗酬唱。著有传奇《珊瑚玦》、《双忠庙》、《元宝媒》,另有《容居堂诗抄》七卷、《容居堂词抄》三卷。

③ 水晶帘下看梳头:出自唐代诗人元稹《离思》五首之二:"山泉散漫绕阶流,万树桃花映小楼。闲读道书慵未起,水晶帘下看

梳头。"

【译文】

看女子清晨的妆饰,应该在她擦粉之后。

余淡心说:看女子晚间的妆饰,不知道心斋认为适合在什么时候?

周冰持说:不可说,不可说!

黄交三说:"水晶帘下看梳头",不知这时候擦粉了没有?

庞天池说:看残妆,适宜于微微有醉意之后,然而那时候就眼前纷繁情思恍惚了。

【点评】

傅粉是女子梳妆最重要的一步,在这之前,清晨起来,面目浮肿,即使是绝代佳人也难免憔悴无神,而经过洗漱,精神渐生,搽过蜜粉,皮肤也均匀光滑,人的精神既佳,妆容面貌也好。敷完粉便是梳妆的点染阶段,也是最有意思的过程。晨光熹微,随着美人的手轻扬,眉毛一点点鲜明起来,色如远山,胭脂团匀,脸色便如桃花乍开,等到樱唇点就,浅笑迎人,美人便又令人倾倒。傅粉之后看晓妆,是懂得欣赏美人之美,也是闺房之乐的一点经验谈。

第一〇八则

我不知我之生前①,当春秋之季,曾一识西施否②?当典午之时③,曾一看卫玠否④?当义熙之世⑤,曾一醉渊明否?当天宝之代⑥,曾一睹太真否?当元丰之朝⑦,曾一晤东坡否?千古之上,相思者不止此数人,而此数人则其尤甚者,故姑举之以概其余也。

　　杨圣藻曰：君前生曾与诸君周旋，亦未可知。但今生忘之耳。

　　纪伯紫曰⑧：君之前生，或竟是渊明、东坡诸人，亦未可知。

　　王名友曰：不特此也。心斋自云"愿来生为绝代佳人"，又安知西施、太真，不即为其前生耶？

　　郑破水曰：赞叹爱慕，千古一情。美人不必为妻妾，名士不必为朋友，又何必问之前生也耶？心斋真情痴也。

　　陆云士曰：余尝有诗曰："自昔闻佛言，人有轮回事。前生为古人，不知何姓氏？或览青史中，若与他人遇。"竟与心斋同情，然大逊其奇快。

【注释】

① 生前：指托生为自己之前，即前世。
② 西施：春秋时期的越国美女。或称先施，别名夷光，亦称西子。姓施，春秋末年越国苎罗人。越王勾践败于会稽，范蠡取西施献吴王夫差，使其迷惑忘政。越遂亡吴。后西施归范蠡，同泛五湖。事见《吴越春秋·勾践阴谋外传》。一说吴亡后，越沉西施于江。
③ 典午：指晋朝。典午是"司马"的隐语，晋帝姓司马氏，后因以"典午"指晋朝。《三国志·蜀书·谯周传》："周语次，因书版示立曰：'典午忽兮，月酉没兮。'典午者，谓司马也；月酉者，谓八月也。至八月而文王（司马昭）果崩。"
④ 卫玠(jiè)：字叔宝，小字虎，晋朝河东安邑人。他容貌俊美，风

采极佳,为众人所仰慕。卫玠的舅舅骠骑将军王济,亦具丰姿,但每见到他便叹说:"珠玉在前,觉我形秽。"又说"与玠同游,炯若明珠之在侧,朗然照人耳"。卫玠曾担任太傅西阁祭酒、太子洗马。卫玠身体不好,有羸疾,乘白羊车到洛阳市集时,常被人群包围,不堪劳累。怀帝永嘉六年(312),卒于南昌,时人认为他是被"看杀",所以有成语"看杀卫玠"。《晋书·卫玠传》:"京师人士闻其姿容,观者如堵。玠劳疾遂甚,永嘉六年卒,时年二十七,时人谓玠被看杀。"

⑤ 义熙:晋安帝时期的年号(405—418)。

⑥ 天宝:唐玄宗时的年号(742—755)。

⑦ 元丰:宋神宗时的年号(1078—1085)。

⑧ 纪伯紫:即纪映钟,明末清初江南上元人,后移居仪征,字伯紫,一字擘子,号憨叟,自称钟山遗老,是纪青之子。明诸生。崇祯时为复社名士,明亡后,弃诸生,躬耕养母。工诗善书,知名海内。有《真冷堂诗稿》、《憨叟诗钞》。

【译文】

我不知道我的前生,在春秋时代,可曾见过西施没有?在晋朝时,可曾看过名士卫玠?在东晋义熙年间,曾经与陶渊明共醉过没有?在唐朝天宝年间,曾经见过杨贵妃之面没有?在宋朝元丰年间,曾与苏东坡见过一面没有?千百年来,令我思慕的不只这几个人,但他们却是其中的典型人物,所以姑且列举他们来概括其余的人。

杨圣藻曰:您前世曾经与这些人交往,也是不一定的事。但是今生忘记了罢了。

纪伯紫说:您的前世或者竟然是陶渊明、苏东坡等人,也不一定。

王名友说:不光是这样。心斋自己说"愿来生为绝代佳人",又怎么知道西施、太真,不就是他的前世呢?

郑破水说:赞叹爱慕,千百年来感情是一样的。美人不一定要娶作妻妾,名士不一定要成为朋友,又何必要问前世呢?心斋真是个情痴。

陆云士说:我曾经写诗说:"自昔闻佛言,人有轮回事。前生为古人,不知何姓氏?或览青史中,若与他人遇。"竟然与心斋之情一样,然而远逊于他的奇思快想。

【点评】

张潮希望神游前世时能够遇到苏轼,苏轼最希望碰到的人是谁呢?苏轼最佩服的诗人是陶渊明,自称"吾于诗人,无所甚好,独好渊明之诗"。他不仅陶然忘情于陶渊明的诗篇中,而且依照陶诗的韵脚,写下和陶诗一百零九首,"至其得意,自谓不甚愧渊明"。(并见《与苏辙书》)若果真能与古人见面的话,想必苏轼会选择去见陶渊明。

与张潮一样,唐寅最想见的古人也有苏轼。他曾应好友之邀一起欣赏苏轼的书法,看到《满庭芳》词"百年强半,来日苦无多"一句,触动心事,回家后不久便去世。

人世有代谢,古人不知来者,今人不见古人,流转不变的只是头顶的月亮,诚知此恨人人有,所以张若虚在《春江花月夜》中感叹:"江天一色无纤尘,皎皎空中孤月轮。江畔何人初见月?江月何年初照人?人生代代无穷已,江月年年只相似。不知江月待何人,但见长江送流水。"刘希夷在《代悲白头翁吟》中也说:"古人无复洛城东,今人还对落花风。年年岁岁花相似,岁岁年年人不同。"

第一〇九则

我又不知在隆、万时①,曾于旧院中交几名妓②?眉公、伯虎、若士、赤水诸君③,曾共我谈笑几回?茫茫宇宙,我今当向谁问之耶?

江含徵曰:死者有知,则良晤匪遥④。如各化为异物⑤,吾未如之何也已。

顾天石曰:具此襟情,百年后当有恨不与心斋周旋者,则吾幸矣。

【注释】

① 隆、万:指的是隆庆、万历年间。隆庆是明穆宗的年号(1567—1572);万历是明神宗的年号(1573—1620)。这一时期,明代社会经济发达,世风奢靡,士人多热衷流连秦楼楚馆。

② 旧院:在今南京,明朝为妓女丛聚之所。清代余怀在《板桥杂记·雅游》中有对旧院的记载:"旧院,人称曲中,前门对武定桥,后门在钞库街,妓家鳞次,比屋而居。"

③ 眉公:指陈继儒,字仲醇,号眉公,又号麋公,明松江府华亭人。他志趣高雅,博学多通。工诗善文,短翰小词皆极风致。书法苏、米,兼能绘事。董其昌久居词馆,书画妙天下,推眉公不去口。眉公又刺取琐言僻事,编次成书,远近争相购写,于是名动寰宇。屡奉诏征用,皆以疾辞。有《眉公全集》、《晚香堂小品》等。伯虎:即唐寅。若士:即汤显祖,初字义少,改字义仍,

号海若、若士、清远道人、茧翁，明抚州府临川人。早有文名，不应首辅张居正延揽而四次落第。万历十一年(1583)进士。官南京太常博士，迁礼部主事。以疏劾大学士申时行，谪徐闻典史。后迁遂昌知县，不附权贵，被削职。归居玉茗堂，专心戏曲，卓然为大家。与早期东林党领袖顾宪成、高攀龙、邹元标及当时著名文人袁宏道、沈茂学、屠隆、徐渭、梅鼎祚等相友善。有《紫钗记》(《紫箫记》改本)、《牡丹亭》、《邯郸记》、《南柯记》，合称"玉茗堂四梦"或"临川四梦"。另有诗文集《红泉逸草》、《问棘邮草》、《玉茗堂集》。赤水：指屠隆(1542—1605)，字长卿，一字纬真，号赤水、鸿苞居士等，明浙江鄞县人。万历五年(1577)进士，做过礼部主事，被劾罢归，纵情诗酒，以卖文为生。著有传奇《彩毫记》、《昙花记》、《修文记》，另有《义士传》、《冥寥子》、《由拳集》、《白榆集》等，晚年有小品集《娑罗馆清言》及《续娑罗馆清言》。

④ 良晤：欢聚。

⑤ 异物：指已死的人。《史记·屈原贾生列传》："化为异物兮，又何足患！"司马贞索隐："谓死而形化为鬼，是为异物。"

【译文】

我也不知道自己若是生在明朝隆庆、万历年间，曾于妓院中交往过几位名妓？陈继儒、唐伯虎、汤显祖、屠隆等人，曾与我一起谈笑过几回？茫茫宇宙，我现在应该向谁去询问这些事呢？

江含徵说：要是死去的人有知觉，那么欢聚并不遥远。如果是死后各自变成鬼，那我就不知道怎么办了。

顾天石说：具有这种胸襟情怀，百年之后应当会有遗憾不能与心斋交往的人,这就是我的幸运。

【点评】

这一则承袭了上一则的想法,说的仍然是思慕。辽远的古人中,张潮最想见的是前面说的那几位,在晚明时代的人物中,他最想见的却是当时名妓与陈继儒、唐伯虎、汤显祖、屠隆等著名才子。隆庆、万历年间,社会富庶,风气奢靡,风月场所众多,艳帜高张,有许多出名的妓女,比如董小宛、李香君、柳如是等等。而这几位才子都以风流潇洒著称,既有文名又多艳事,且主张独抒性灵,对张潮的影响都很大。

第一一○则

文章是有字句之锦绣,锦绣是无字句之文章,两者同出于一原。姑即粗迹论之,如金陵,如武林,如姑苏①,书林之所在②,即机杼之所在也③。

【注释】

① 如金陵,如武林,如姑苏:金陵,今江苏南京。武林,今浙江杭州。姑苏,今江苏苏州。这几个地方在古代都是丝织业比较发达的地方,同时也是文风较盛之处。
② 书林:指文人学者。
③ 机杼:织机,此处代指纺织业。

【译文】

文章是有字有句的锦绣制品,锦绣制品是没有字句的文章,文章与锦绣同出于一个源头。姑且用粗浅的事迹证明它,如南京、杭州、苏州,是出文章的地方,也是出纺织品的地方。

【点评】

文章的本义是指有花纹的丝织品,后来引申为美好的文字。对于佳作的譬喻本来就来自于锦绣。这两者之间颇有相通之处,一则其成都要耗费心血和精力,二则皆能令人赏心悦目,带来美的感受。

第一一一则

予尝集诸法帖字为诗①,字之不复而多者,莫善于《千字文》②。然诗家目前常用之字,犹苦其未备。如天文之烟霞风雪,地理之江山塘岸,时令之春宵晓暮,人物之翁僧渔樵,花木之花柳苔萍,鸟兽之蜂蝶莺燕,宫室之台槛轩窗,器用之舟船壶杖,人事之梦忆愁恨,衣服之裙袖锦绮,饮食之茶浆饮酌,身体之须眉韵态,声色之红绿香艳,文史之骚赋题吟,数目之一三双半,皆无其字。《千字文》且然,况其他乎?

黄仙裳曰:山来此种诗,竟似为我而设。

顾天石曰:使其皆备,则《千字文》不为奇矣。吾尝于千字之外,另集千字,而已不可复得,更奇。

【注释】

① 法帖:名家书法的范本。宋代曹士冕《法帖谱系·杂说上》:

"太宗皇帝时,尝遣使购募前贤真迹,集为法帖十卷,镂板而藏之。"

②《千字文》:原名为《次韵王羲之书千字》,是古代用来教儿童识字的重要启蒙读物,由南朝梁周兴嗣所作,和《三字经》、《百家姓》合称"三百千"。李悼《尚书故实》记载梁武帝命大臣殷铁石模次王羲之书碣碑石的字迹,又要求拓出互不重复的一千个字,以赐八王。殷铁石拓出后,此千余字互不联属,梁武帝又命令周兴嗣将这一千字编成有意义的句子,"卿有才思,为我韵之"。周兴嗣竟一夜编成。全文由"天地玄黄"到"焉哉乎也",总共二百五十个隔句押韵的四字短句构成,内容包含天文、地理、政治、经济、社会、历史、伦理,整篇文章一字都不重复。

【译文】

我曾经集了许多字帖的字凑成诗,字不相重复而又多的,没有好过《千字文》的。但是诗人目前常用的字,还是苦于它不完备。如天文类的烟、霞、风、雪,地理类的江、山、塘、岸,时令类的春、宵、晓、暮,人物类的翁、僧、渔、樵,花木类的花、柳、苔、萍,鸟兽类的蜂、蝶、莺、燕,官室类的台、槛、轩、窗,器用类的舟、船、壶、杖,人事类的梦、忆、愁、恨,衣服类的裙、袖、锦、绮,饮食类的茶、浆、饮、酌,身体类的须、眉、韵、态,声色类的红、绿、香、艳,文史类的骚、赋、题、吟,数目类的一、三、双、半,这些字都没有。《千字文》尚且如此,何况其他的书帖呢?

黄仙裳说:山来的这种集字诗,竟然好像是为我所设的。

顾天石说:假使都能具备,那《千字文》就不算奇特了。我曾经在千字文之外,另外搜集了千字,然而已经不能再得,更是奇特。

第一一二则

花不可见其落,月不可见其沉,美人不可见其夭。

朱其恭曰:君言谬矣。洵如所云,则美人必见其发白齿豁而后快耶?

【译文】

花朵不可以看见它凋落,月亮不可以看见它沉落,佳人不可以看见她早逝。

朱其恭说:您这话错了。确实如您所说的那样,那么美人一定要看到她头发变白牙齿缺落才高兴吗?

【点评】

这一则与下一则互相生发,苛求事事圆满,表达的仍是张潮一片惜花爱月怜佳人之情。

第一一三则

种花须见其开,待月须见其满,著书须见其成,美人须见其畅适①,方有实际②,否则皆为虚设③。

王璞庵曰④:此条与上条互相发明,盖曰:"花不可见其落耳,必须见其开也。"

【注释】

① 畅适：舒畅顺适。

② 实际：实在的利益。

③ 虚设：虚撰，空谈。

④ 王璞庵：不详。

【译文】

种花一定要见到它盛开，等待月亮升起就一定要见到月圆，撰写著作一定要看到书成，美人一定要看到她畅意舒适，这才有意义，否则便都是空谈。

王璞庵说：这条与上一条互相阐发，大概是说："花不可见其落耳，必须见其开也。"

第一一四则

惠施多方，其书五车①；虞卿以穷愁著书②。今皆不传，不知书中果作何语？我不见古人，安得不恨！

王仔园曰③：想亦与《幽梦影》相类耳。

顾天石曰：古人所读之书，所著之书，若不被秦人烧尽，则奇奇怪怪，可供今人刻画者，知复何限？然如《幽梦影》等书出，不必思古人矣。

倪永清曰：有著书之名，而不见书，省人多少指摘。

庞天池曰：我独恨古人不见心斋。

【注释】

① 惠施多方，其书五车：惠施博学多识，著述有五车那么多。惠施，战国时期宋国人。曾为魏惠王相，主张联合齐楚消弭战乱，为"合纵"策略之组织者。后受张仪排斥，一度游于楚、宋。善辩，与庄周友善。有《惠子》，已佚。多方，学识渊博。方，学术。语出《庄子·天下主》："惠施多方，其书五车。"

② 虞卿：或作虞庆、吴庆。战国时人，虞氏，名失传，游说之士。因游说赵孝成王，为赵上卿，故号虞卿。他主张以赵为主，合纵抗秦。后因救魏相魏齐，弃相印与魏齐逃亡，困于梁。魏齐自尽，虞卿穷愁著书，有《虞氏春秋》，今佚，清人有辑本。

③ 王仔园：王宾，字宾玉，号仔园，又号係园，清江南江都人。康熙二年（1663）举人。工诗词，与孙枝蔚、汪耀麟、汪懋麟等人过从甚密。有《係园遗稿》。

【译文】

惠施的学识广博，他的著作可装载五车；虞卿于穷困忧愁中著书立说。至今都没有传世的，不知道书中到底写些什么？我不能读到这些古人的思想，怎能不感到遗憾呢？

王仔园说：想来也跟《幽梦影》相似吧。

顾天石说：古人所读的书，所写的书，要是不被秦朝人烧光，那么各种奇奇怪怪，可以让今人刻板印刷的书，谁知道有多少？然而像《幽梦影》这样的书一写出，就不用想古人了。

倪永清说：有写书的名声，而见不到书，省却别人多少指责批评。

庞天池说：我只遗憾古人不能见到心斋。

【点评】

　　张潮晚年生活困难，经济窘迫，仍然不懈著述，坚持出版，非常了解穷愁著书的滋味，所以对古人也怀有极深同情与思慕。他在《昭代丛书》乙集中曾写出过自己的困境："仆赋性迂拙，不谙经营。自去岁孟夏以来，生计萧条益甚。此椠之成盖已拮据万状矣。制后或有投赠新编，窃恐向往有心流通，无力徒滋颜甲而已。"

　　虞卿穷愁之时所著《虞氏春秋》，《汉书·艺文志》中有辑录，该书后来散佚。清代有人整理了《虞氏春秋》的辑本，现在的人能够见到此辑本，可惜张潮却是无缘得见了。

第一一五则

　　以松花为粮①，以松实为香，以松枝为麈尾②，以松阴为步障③，以松涛为鼓吹④。山居得乔松百余章⑤，真乃受用不尽。

　　施愚山曰⑥：君独不记曾有松多大蚁之恨耶⑦？

　　江含徵曰：松多大蚁，不妨便为蚁王。

　　石天外曰：坐乔松下，如在水晶宫中，见万顷波涛总在头上，真仙境也。

【注释】

① 松花：松树的花。李时珍《本草纲目·木一·松》说："松花，别名松黄……润心肺，益气，除风止血。亦可酿酒。"

② 麈尾：古人闲谈时执以驱虫、掸尘的一种工具。在细长的木条

两边及上端插设兽毛,或直接让兽毛垂露外面,类似马尾松。因古代传说麈迁徙时,以前麈之尾为方向标志,故称。后古人清谈时必执麈尾,相沿成习,为名流雅器,不谈时,亦常执在手。

③ 松阴:松树的树荫。步障:用以遮蔽风尘或视线的一种屏幕。《晋书·石崇传》:"(崇)举贵戚王恺、羊琇之徒,以奢靡相尚……恺作紫丝布步障四十里,崇作锦步障五十里以敌之。"

④ 松涛:风吹松林,松枝互相碰击发出的如波涛般的声音。鼓吹:乐曲声。唐代李山甫《陪郑先辈华山罗谷访张隐者》诗有:"谷风闻鼓吹,苔石见文章。"

⑤ 乔松:高大的松树。《诗经·郑风·山有扶苏》:"山有乔松,隰有游龙。"章:棵。

⑥ 施愚山:施闰章,明末清初江南宣城人,字尚白,号愚山、蠖斋。顺治六年(1649)进士,授刑部主事。十八年(1661),举博学鸿儒,授侍讲,预修《明史》,进侍读,所至有治绩。文章醇雅,尤工于诗,与宋琬有"南施北宋"之名,据东南诗坛数十年,号"宣城体"。有《学馀堂文集》、《试院冰渊》、《青原志略补辑》、《矩斋杂记》、《蠖斋诗话》。

⑦ 松多大蚁之恨:见第二七条注。

【译文】

把松树的花当做粮食,把松树的果实作熏香,用松树的枝叶作为麈尾,把松树的树荫当作屏障,把起伏的松涛当成音乐。住在山中,如果有上百棵松树,真是令人享用不尽的福分。

施愚山说:您不记得曾说过松树上多大蚂蚁的遗憾了吗?

江含徵说：松树上多大蚂蚁，不妨就做蚁王。

石天外说：坐在高大的松树下，如同身在水晶宫中，看见万顷波浪一直在头顶上，真是仙境啊。

【点评】

松树生于山中，生花结实，用途很多，经霜不凋，节操高洁，是隐士生活不可缺少的点缀与象征，文人雅士也喜欢将日常饮食与其发生联系。以松花做吃食的事情，有很多记载。宋代林洪的《山家清供》就写过一种"松黄饼"："暇日过大理寺访秋岩陈评事介，留饮，出二童，歌渊明《归去来辞》，以松黄饼供酒。陈方巾美髯，有超俗之标。饮边味此，使人洒然起山林之兴，觉驼峰、熊掌皆下风矣。春采松花黄和蜜模作饼，如鸡舌、龙涎状，不惟香味清甘，亦自有所益也。"

张潮不仅以松花入饮食，还以松子作香料，用松树的枝条为拂尘，以松下清荫为屏障，既表现了对松树的喜爱，也体现了归隐山林之心。

张潮在第二七条列举恨事的时候有一条是松下多大蚁，因此两位朋友的评论便都是结合前一条在说笑，诙谐有趣。

第一一六则

玩月之法，皎洁则宜仰观，朦胧则宜俯视。

孔东塘曰：深得玩月三昧①。

【注释】

① 三昧：奥妙，诀窍。

【译文】

赏玩月色的方法在于,月色皎洁时应该抬头仰望,月色朦胧时则适合由高处向下看。

孔东塘说:深得玩赏月色的奥秘。

【点评】

月亮的形状和亮度随时间与天气而变化,不同的状态因此也就有了不同的欣赏方法。月亮皎洁圆满之时,最宜抬头仰看,朦胧昏黄之际则适合从高处俯视。张潮喜爱月亮,对欣赏月亮也总结出了一套方法,他曾写过一本小书,叫《玩月约》,讲的就是玩月之法。

第一一七则

孩提之童,一无所知,目不能辨美恶,耳不能判清浊,鼻不能别香臭。至若味之甘苦,则不第知之,且能取之弃之。告子以甘食、悦色为性①,殆指此类耳②。

【注释】

① 告子以甘食、悦色为性:告子将喜欢甘美的食物和喜欢美色,视为人类的本性。告子,战国时人,或说名不害,与孟子同时。尝学于孟子,一说受教于墨子。尝与孟子论人性,提出人性无善恶说。又主张"食色,性也"。

② 殆(dài):大概。

【译文】

　　尚在襁褓中的婴儿,什么都不知道,眼睛不能辨别美好恶丑,耳朵不能判别清浊之音,鼻子不能分辨香臭之嗅。至于味道的苦甜,则不仅知道,而且还能知道要什么不要什么。告子把喜欢吃甘美的东西、喜欢美色视为人的本性,大概说的就是这个吧。

【点评】

　　婴儿无知,但是却能够凭喜好去品尝味道,知道选择自己喜欢的。张潮认为自己的观察和告子"食色,性也"的说法是一致的。

第一一八则

　　凡事不宜刻①,若读书则不可不刻②;凡事不宜贪③,若买书则不可不贪④;凡事不宜痴,若行善则不可不痴⑤。

　　余淡心曰:读书不可不刻,请去一"读"字,移以赠我,何如?

　　张竹坡曰:我为刻书累⑥,请并去一"不"字。

　　杨圣藻曰:行善不痴,是邀名矣⑦。

【注释】

　　① 刻:严苛。
　　② 刻:刻苦。
　　③ 贪:贪婪。
　　④ 贪:贪多。
　　⑤ 痴:沉迷。

⑥ 刻书：此处指雕版印书。

【译文】

对所有的事情都不应该严苛，如果是读书则不能不刻苦；对所有的事情都不应该贪婪，如果是买书就不能不贪心；对所有的事情都不应该沉迷，如果是做善事则不能不沉迷。

余淡心说：读书不能不严苛，请去掉一个"读"字，拿来送给我，怎么样？

张竹坡说：我被刻印书籍所累，请一并去掉一个"不"字。

杨圣藻说：做善事不痴迷，就是求名了。

【点评】

这一则说的是做事情的态度。张潮认为做事的态度需要分不同情况来考量：普通事情可以不必太严苛，但是读书求知则一定要严格要求；对身外之物不应该过分贪婪，但是如果是买书的话就不能不贪心，这是他身为藏书家的特点。任何事情都不应该沉迷，但如果是做好事的话就不能不沉迷，非如此不能显出真心诚意。如果不能痴迷于行善，偶尔一为，则有沽名钓誉之嫌。

第一一九则

酒可好，不可骂座①；色可好，不可伤生②；财可好，不可昧心；气可好，不可越理。

袁中江曰：如灌夫使酒③，文园病肺④，昨夜南塘一出⑤，马上挟章台柳归⑥，亦自无妨。觉愈见英雄本色也。

【注释】

① 骂座：亦作"骂坐"。漫骂同座的人。

② 伤生：指因放纵色欲而伤害身体，有损健康。

③ 灌夫使酒：灌夫借饮酒发泄自己心中的不满。灌夫，西汉人，初以勇武闻名，为人刚直不阿，任侠，好饮酒骂人。与丞相田蚡不和，后因在蚡处使酒骂座，戏侮田蚡，为蚡所劾，以不敬罪族诛。事见《史记·魏其武安侯列传》。

④ 文园病肺：司马相如有消渴症，因与卓文君相好，引发痼疾。文中是以此作为好色伤生的例子。文园，指西汉文学家司马相如，他曾出任孝文园令，所以称他为文园。

⑤ 昨夜南塘一出：昨天夜里又到南塘走了一趟，指的是祖逖夜里带人出门劫掠。南塘，秦淮河南岸。塘，堤岸。一出，一番，一回。故事出自《世说新语·任诞》："祖车骑过江时，公私俭薄，无好服玩。王、庾诸公共就祖，忽见裘袍重叠，珍饰盈列。诸公怪问之，祖曰：'昨夜复南塘一出。'祖于时恒自使健儿鼓行劫钞，在事之人，亦容而不问。"

⑥ 马上挟章台柳归：故事出自唐许尧佐的传奇《柳氏传》（也做《章台柳》）：韩翃有姬柳氏，以艳丽称。韩获选上第归家省亲；柳留居长安，安史乱起，出家为尼。后韩为平卢节度使侯希逸书记，使人寄柳诗曰："章台柳，章台柳，昔日青青今在否？纵使长条似旧垂，亦应攀折他人手。"柳为蕃将沙吒利所劫，侯希逸部将许俊以计夺还归韩。

【译文】

可以嗜好饮酒，但不能借酒骂人；可以爱好美色，但不能纵欲伤身;可以贪恋钱财,但不能昧着良心赚钱;可以发泄愤慨,但不能逾越情理。

袁中江说:像灌夫借饮酒发泄自己心中的不满,司马相如因与卓文君相好而引发痼疾,祖逖夜里带人出门劫掠,许俊马上携章台柳氏而归,也没什么不好。我觉得愈发显现出英雄本色。

【点评】

这一则承接上一则而来,讲的是对爱好的把握。酒色财气,可以娱情,可以消块垒,但是也要把握好爱好与放纵的度。这四种爱好,任何一种过于放纵的话,都会带来不好的影响。

第一二○则

文名可以当科第①,俭德可以当货财,清闲可以当寿考②。

聂晋人曰:若名人而登甲第,富翁而不骄奢,寿翁而又清闲,便是蓬壶三岛中人也③。

范汝受曰④:此亦是贫贱文人无所事事,自为慰藉云耳,恐亦无实在受用处也。

曾青藜曰⑤:"无事此静坐,一日似两日。若活七十年,便是百四十。"此是"清闲当寿考"注脚。

石天外曰:得老子退一步法。

顾天石曰:予生平喜游,每逢佳山水辄留连不去,亦自谓可当园亭之乐。质之心斋,以为然否?

【注释】

① 文名：善于写文章的名声。科第：指科考及第。

② 寿考：长寿。考，老。

③ 蓬壶三岛中人：即神仙。蓬壶三岛，指传说中的蓬莱、方丈、瀛洲三座海上仙山。亦泛指仙境。唐代郑畋《题缑山王子晋庙》："六宫攀不住，三岛互相招。"

④ 范汝受：即范国禄，字汝受，号十山，通州人。著有《十山楼稿》。

⑤ 曾青藜：曾灿，原名传灿，字青黎，号止山。崇祯末年兵部给事中曾应遴第二子，曾任兵部职方主事，参南明唐王军事，败后削发为僧出游。回里筑六松草堂，后又出游东南，居苏州光福二十余年。与魏禧及魏际瑞、魏礼、彭士望等合称"易堂九子"。晚年以笔舌糊口四方，卒于京师。曾选同时人诗二十卷为《过日集》，又有《六松草堂文集》、《西崦草堂诗集》等。

【译文】

文采声名可以代替科场及第，勤俭的品德代替财产丰厚，清闲度日可以代替长寿。

聂晋人说：若是名士又科举登上甲第，身为富翁而不骄横奢侈，身为长寿翁而又清闲无事，便是蓬壶三岛中的神仙。

范汝受说：这也是贫穷卑微的文人整天没什么事情，自己宽慰自己罢了，恐怕也没有什么实际上的好处。

曾青藜说："无事此静坐，一日似两日。若活七十年，便是百四十。"这是"清闲度日可以代替长寿"这句话的注释。

石天外说：得到了老子的退一步之法。

顾天石说:我平常喜欢游玩,每当遇到好山水就留恋不离去,也自认为可以代替园林亭台之乐。请心斋辨别,是这样不是?

【点评】

以文名代替科举及第,以节俭代替财富,以清闲无事代替长寿,这些都是求之不得后的无奈之举。张潮早年累试不第,晚岁贫困且多病,无奈之余不得不自我开解,对生活中的苦痛和血痕视若不见。评论中的范汝受和石天外都认识到了这一点,也表明了自己的态度,只是一个坦荡尖刻,指出这是毫无意义的自我宽慰;一个温厚含蓄,认为是退一步之法。

第一二一则

不独诵其诗、读其书①,是尚友古人②,即观其字画,亦是尚友古人处。

张竹坡曰:能友字画中之古人,则九原皆为之感泣矣③。

【注释】

① 诵其诗、读其书:吟咏他们作的诗,读他们著的书。语出《孟子·万章下》:"以友天下之善士为未足,又尚论古之人;颂其诗,读其书,不知其人,可乎?"

② 尚友:上与古人为友。《孟子·万章下》:"是以论其世也,是尚友也。"

③ 九原:泛指墓地。唐代皎然《短歌行》有:"萧萧烟雨九原上,白

杨青松葬者谁?"感泣:感动地落泪。

【译文】

不但吟咏他们作的诗、诵读他们著的书,是与古人为友,就连欣赏他们的字画,也是把前人当作朋友。

张竹坡说:能与字画中的古人为友,那么坟墓之下的人都为之感动地落泪了。

【点评】

诗言志,读古人的诗文是了解其志向与情趣的过程,有很多感情是共同的,通过读古人的诗,看古人的书,我们可以和他们进行跨越时空的交流,可以与他们成为隔代知己。张潮将这种理解更近一层,认为不只读诗观书是与古人做朋友,看古人的字和画也是在与他们进行心灵的交流与沟通,也是在与他们为友。

第一二二则

无益之施舍,莫过于斋僧①;无益之诗文,莫甚于祝寿。

张竹坡曰:无益之心思,莫过于忧贫;无益之学问,莫过于务名。

殷简堂曰:若诗文有笔资②,亦未尝不可。

庞天池曰:有益之施舍,莫过于多送我《幽梦影》几册。

【注释】

① 斋僧:指将斋食施舍给僧人。

② 笔资：写字、绘画、撰文所得的报酬。

【译文】

　　毫无益处的施舍，没有比斋僧更甚的。无益处的诗词文章，没有能超过祝寿之作的。

　　张竹坡说：毫无益处的心思，没有比担忧贫穷更甚的；毫无益处的学问，没有比追求虚名更甚的。

　　殷简堂说：若是写诗文有报酬，也未尝不可以。

　　庞天池说：有益处的施舍，莫过于多送我几册《幽梦影》。

【点评】

　　斋僧是把财物施舍给僧人，张潮认为这是毫无意义的事情，因为并不是周济贫困，解决别人的困难，只是为自己求一个慰藉，对自己和他人处境都没有任何改善。而祝寿的诗文也是最无意义的作品，除了敷衍与歌颂，并不能表达任何实际内容，只是换来一时热闹罢了。

第一二三则

　　妾美不如妻贤，钱多不如境顺。

　　张竹坡曰：此所谓竿头欲进步者。然妻不贤，安用妾美？钱不多，那得境顺？

　　张迂庵曰：此盖谓二者不可得兼，舍一而取一者也。又曰：世固有钱多而境不顺者。

【译文】

侍妾貌美不如妻子贤惠,钱财多不如境遇顺畅。

张竹坡说:这就是所谓百尺竿头还想要更进一步的。然而妻子如果不贤惠,侍妾美貌有何用?钱如果不多,怎么能够境遇顺畅?

张迂庵说:这大概就是所说的两者不能兼得,舍弃其中一个而取另一个。又说:世上确实有钱多但是境遇不顺畅的人。

【点评】

妻子贤惠才能够处理好家庭问题,帮助丈夫处理、解决困难,夫妇和谐相处愉快,甚至共同谋划事业。有贤妻才能令人觉得生活中有所归依,这是美貌的侍妾所不能相比的。人生复杂而漫长,单靠容貌相悦,并不能支持彼此前行,一个坚定的身影、从容的态度和能干的双手才是美好生活的支柱。同理,钱多也只是解决了现实生活的一项需求,人生在世有些关节并非钱财能够疏通,境遇顺利才能遇险无忧。张潮生长于富裕之家,但是境遇坎坷,心多不平,想必对此更有体会。

第一二四则

创新庵不若修古庙,读生书不若温旧业①。

张竹坡曰:是真会读书者,是真读过万卷书者,是真一书曾读过数遍者。

顾天石曰:惟《左传》、《楚词》、马、班、杜、韩之诗文,及《水浒》、《西厢》、《还魂》等书,虽读百遍不厌。此外皆不耐温者矣,奈何?

王安节曰②：今世建生祠③，又不若创茅庵。

【注释】

① 生书：未读过的书。温：温习。旧业：指昔所从事的学业、学术。

② 王安节：王概，清浙江秀水人，初名丐，字东郭，一字安节。能诗，善山水。精刻印，兼精刻竹。后久居南京，以卖画为生。曾编《芥子园画传》，又与弟王蓍、王臬合编《芥子园画传》二集、三集。著有《学画浅说》。

③ 生祠：为活人建立的祠庙，表示崇敬。明代魏忠贤当权时期，全国都有他的生祠，所以文中有此议论。

【译文】

建造新的庵寺不如修缮古老的庙宇，阅读生疏的书籍不如温习原来的学业。

张竹坡说：是真正会读书的人，是真正读过万卷书的人，是真正一本书读过许多遍的人。

顾天石说：只有《左传》、《楚词》、司马迁、班固、杜甫、韩愈等人的诗文，以及《水浒传》、《西厢记》、《还魂记》等书，即使读了上百遍也不厌倦。此外都经不起温习，怎么办？

王安节说：如今世上的人修建生祠，又不如盖茅庵。

【点评】

修建一座新的庵庙，工程浩大、花费巨多，所耗费的人力物力都比修葺一座旧庙多，但影响并不一定就比旧庙大，信众也不一定比旧庙多，因此不如在旧的基础上稍作翻新。不停地学习新知识，贪多不化，不能为己所用，反倒不如温习旧知识，努力做到熟练掌握，并亲身实践。张潮在前面说过"读书不难，能用为难；能用不难，能记为难"，也是同样的道理。

第一二五则

字与画同出一原。观六书始于象形①，则可知已。

江含徵曰：有不可画之字，不得不用六法也。

张竹坡曰：千古人未经道破，却一口拈出。

【注释】

① 六书：古人分析汉字造字的理论，即象形、指事、会意、形声、转注、假借。象形：汉字造字的基本方法，指的是描摹实物的形状造字，是"六书"之一。

【译文】

字和画产生自同一源头。看造字的"六书"是从象形开始的，便可知道了。

江含徵说：有不能画的字，不得不用六种方法来造字。

张竹坡说：千年来没被人说破的道理，您却一句话说清了。

第一二六则

忙人园亭，宜与住宅相连；闲人园亭，不妨与住宅相远。

张竹坡曰:真闲人,必以园亭为住宅。

【译文】

忙碌之人的园林应该与住宅连在一起,闲适之人的园林不妨距离自己的住宅远一些。

张竹坡说:真正的闲适之人,必定会把园林当成住宅。

【点评】

忙碌的人空闲时间少,因此张潮认为他们的园林应该与住宅连在一起,方便忙中偷闲,不时放松一下,欣赏园亭之趣。与此相反,悠闲的人反正时间很多,正好将园林安排得离住宅远一些,可以出门信步而去,既悠闲又能一路观察世情。但这也只是张潮一厢情愿空替人想罢了,真正忙碌的人不见得会欣赏园亭之趣,就像后面第一三七则中所说"有园亭姬妾之乐而不能享、不善享者,富商也、大僚也",而真正清闲度日的人也会如张竹坡所言,将园林当做住宅,悠游其中。

第一二七则

酒可以当茶,茶不可以当酒;诗可以当文,文不可以当诗;曲可以当词,词不可以当曲;月可以当灯,灯不可以当月;笔可以当口,口不可以当笔;婢可以当奴,奴不可以当婢。

江含徵曰:婢当奴则太亲,吾恐"忽闻河东狮子吼"耳。

周星远曰:奴亦有可以当婢处,但未免稍逊耳。近时士大夫往往耽此癖①。吾辈驰骛之流②,盗此虚名,亦欲效颦相尚。滔滔者天下皆是也③,心斋岂未识其故乎?

张竹坡曰:婢可以当奴者,有奴之所有者也。奴不可以当婢者,有婢之所同有,无婢之所独有者也。

弟木山曰:兄于饮食之顷,恐月不可以当灯。

余湘客曰:以奴当婢,小姐权时落后也。

宗子发曰④:惟帝王家不妨以奴当婢,盖以有阉割法也。每见人家奴子出入主母卧房,亦殊可虑。

【注释】

① 此癖:指喜好男风。
② 驰骛(wù):指在某个领域纵横自如,并有所建树。
③ 滔滔:普遍。
④ 宗子发:宗元豫,字子发,晚号半石,江苏泰州人。明诸生。入清后隐居昭阳士室,潜心经史。有《两汉文删》、《古诗赋删》、《卧游录》、《唐宋明十大家文删》、《唐二十家明二十家诗删》、《志小录》、《韩杜合删》、《焚余稿诗文》等。

【译文】

酒可以当茶喝,茶不可以当作酒喝;诗可以当作文章,但是文章不可以当作诗;曲可以当作词,词不可以当作曲;月亮可以代替灯,灯不可以代替月亮;笔可以代替口,口不可以代替笔;婢女可以代替奴仆做粗活,奴仆不可以代替婢女干细活。

江含徵说:婢女当成奴仆则太过亲近,我怕会"忽闻河东狮子吼"。

周星远说:奴仆也有可以代替婢女处,只是不免略微逊色。近代士大夫往往沉溺于这种癖好。我们这些纵横一时的文人,空担了这种虚名,也想要效仿推崇。世间普遍都是这样的,心斋难道没有认识到原因吗?

张竹坡说:婢女能够代替奴仆,是因为有奴仆所拥有的。奴仆不可以代替婢女,是有与婢女同样具有的,却没有婢女所独有之物。

弟木山说:兄长在饮酒进食的时候,只怕月亮不能代替灯。

余湘客说:把奴仆当成婢女,小姐要暂时落后了。

宗子发说:只有帝王之家不妨把奴仆当成婢女,因为有阉割的办法。我经常见到世人家里的奴仆出入于女主人的卧室,也实在令人忧虑。

【点评】

事物之间有相近之处,可以用甲来代替乙,但是因为范围与作用不同,乙却不能用来代替甲。酒可以代替茶饮,消磨悠闲时光,但是茶在人兴致高昂或壮怀激愤的时候就不能代替酒,不能临风把盏,也无法浇胸中块垒。庄严典丽的诗可以代替文章,但是文章却无法取代慷慨悲歌的诗。《乐府余论》中说:"宋、元之间,词与曲一也。以文写之则为词,以声度之则为曲。"抒情写怨之曲可以代替词,词却无法全然代替曲。月光与灯光都能照明,但是灯火荧荧,却远不能替代遍洒天地间的月光。婢女和奴仆都可以侍候主人,但是奴仆却不能像婢女一样进入内堂。至于评论中说的以奴代婢,跟明清之际男风盛行颇有关系,张潮本是一本正经来讲同与异,下面评论则将话题引入了低级趣味的方向。

第一二八则

胸中小不平,可以酒消之;世间大不平,非剑不能消也。

周星远曰:"看剑引杯长"①,一切不平皆破除矣。

张竹坡曰:此平世的剑术,非隐娘辈所知②。

张迂庵曰:苍苍者未必肯以太阿假人③,似不能代作空空儿也④。

尤悔庵曰:龙泉太阿,汝知我者⑤,岂止苏子美以一斗读《汉书》耶⑥?

【注释】

① 看剑引杯长:语出唐杜甫《夜宴左氏庄》:"检书烧烛短,看剑引杯长。"

② 隐娘:聂隐娘,唐传奇中的侠女,相传为德宗贞元中魏博大将聂锋女。十岁时,有尼挟以去,授以剑术。教成归家,嫁磨镜少年。宪宗元和间,魏博令隐娘夫妻刺杀陈许节度使刘昌裔。聂隐娘为其所感,反而帮助他杀刺客精精儿,击退妙手空空儿。刘昌裔死后,隐娘辞去。文宗大和间,复有人见之。

③ 苍苍者:上天。太阿:古宝剑名。相传为春秋时欧冶子、干将所铸。

④ 空空儿:唐人小说中的剑侠。后多指窃贼。唐代裴铏《传奇·聂隐娘》:"后夜当使妙手空空儿继至。空空儿之神术,人莫能窥其用,鬼莫得蹑其踪,能从空虚而入冥,善无形而灭影。"

⑤ 龙泉太阿,汝知我者:出自《南史·王蕴传》:"为广德令,欲以将领自奋。每抚刀曰:龙泉太阿,汝知我者。"龙泉、太阿,古代的两把宝剑。

⑥ 苏子美:即苏舜钦,字子美,号沧浪翁,宋绵州盐泉人。仁宗景祐元年(1034)进士。少有大志,当天圣中,学者为文多病偶对,独其与穆修好为古文歌诗,一时豪杰多从之游。初以父荫补官,累迁大理评事。庆历中,范仲淹荐其才,为集贤校理,监进奏院。岳父杜衍与仲淹主新政,多遭谗陷,舜钦坐售故纸钱召妓乐会宾客除名。流寓苏州,买水石作沧浪亭以自适。工诗文,其体豪放,时发愤于歌诗中。又善草书,每酣酒落笔,为时人所传。后为湖州长史卒。有《苏学士集》。传说他夜里读《汉书》,每天晚上都要喝掉一斗酒。

【译文】

胸中小有不平之事,可以用酒来消解;世界上有极为不平的事,不用剑就不能解决。

周星远说:"看剑引杯长",所有的不平之事都可以消除了。

张竹坡说:这是驱除世间不平事的剑术,不是聂隐娘之辈所能了解的。

张迂庵说:上天未必肯将太阿宝剑借给人,似乎不能代作妙手空空儿。

尤悔庵说:龙泉太阿,你们是我的知己,我岂能像苏子美那样每天喝掉一斗酒来读《汉书》呢?

【点评】

张潮于康熙三十八年(1699),"误陷坑阱中",家业零散,生计萧条,在他自己来说自然是极为不平的事,一直耿耿于怀。他曾在《虞初新志》中表达过自己的这种感情:"予尝遇中山郎,恨今世无剑侠,一往怅之。"在这之后,张潮自号"三在道人",意思是"田尚在,不需买米;屋尚在,不须僦住;此身尚在,未就木也",这其中的悲愤不是单靠饮酒就能化解的了。

第一二九则

不得已而谀之者,宁以口,毋以笔;不可耐而骂之者,亦宁以口,毋以笔。

孙豹人曰①:但恐未必能自主耳。

张竹坡曰:上句立品,下句立德。

张迂庵曰:匪惟立德,亦以免祸。

顾天石曰:今人笔不谀人,更无用笔之处矣。心斋不知此苦,还是唐宋以上人耳。

陆云士曰:古笔铭曰②:"毫毛茂茂,陷水可脱,陷文不活③。"正此谓也。亦有谀以笔而实讥之者,亦有骂以笔而若誉之者,总以不笔为高。

【注释】

① 孙豹人:孙枝蔚,明末清初陕西三原人,字豹人,号溉堂。世为巨商。明末散家财起兵,与李自成军对抗。兵败,只身走扬州。长年纵横商贾,又喜散尽千金。王士禛官扬州时,与其以诗文订交,往来密切。魏禧序其诗说:"冲口而出,摇笔而书,

磅礴奥衍，不可窥测。"有《溉堂集》。

② 古笔铭：《古诗源》卷一载《笔铭》："豪毛茂茂，陷水可脱，陷文不活。"

③ 陷水可脱，陷文不活：落入水中可以获救，被文章罗织却活不了。

【译文】

迫不得已要奉承别人，宁愿用口说，不要用笔写成文字；无法忍耐而要骂人，也宁愿用口说，不要用笔写。

孙豹人说：只怕不能自己做主罢了。

张竹坡说：上句树立人品，下句树立德行。

张迂庵说：不光树立德行，也可以免于祸患。

顾天石说：如今的人若是不用笔奉承别人，就更加没有用笔之处了。心斋不知道这种痛苦，他还是唐宋标准之上的人。

陆云士说：古笔铭说："毫毛茂茂，陷水可脱，陷文不活。"正是指这个。也有用笔写文章奉承实际上讽刺的，也有用笔写文章骂人却好像赞美人的，总起来还是以不用笔写为上。

【点评】

人有不得已，不管是要奉承人还是要骂人，张潮都认为应该说而不应该用笔写，这是因为一旦写出来，落到纸上，便永远也不能消去。这既是人品与修养的体现，也是避祸保身的法门，是作者在经过世事磨炼之后总结出的世故心得。然而，人在很多情况下是没有选择的自由的，即使不想以笔谀之、骂之，有时候也不能不做，就像孙豹人在评论中所说的"但恐未必能自主耳"。

第一三○则

多情者必好色,好色者未必尽属多情;红颜者必薄命,而薄命者未必尽属红颜;能诗者必好酒,而好酒者未必尽属能诗。

张竹坡曰:情起于色者,则好色也,非情也;祸起于颜色者,则薄命在红颜否?则亦止曰:命而已矣。

洪秋士曰:世亦有能诗而不好酒者。

【译文】

多情的人必然爱好女色,而爱好女色的未必都是多情的人;美丽的女子必然命运不好,而命运不好的未必都是美丽的女子;诗写得好的人一定好饮酒,而爱喝酒的人未必都是能写诗的人。

张竹坡说:情感起源于女色,那就是好色,不是多情;祸患起源于容貌,那么命运不好是因为美貌吗?那也只好劝止说:是命运罢了。

洪秋士说:世间也有能写诗而不喜爱饮酒的人。

【点评】

真正的多情之人,是以爱花之心来爱惜护持美人,不止爱其容貌姿色,更希望见其畅适,关心她的命运。作者便是这样一位真正不以生死易心的多情者。

第一三一则

梅令人高,兰令人幽,菊令人野,莲令人淡,春海棠令人艳,牡丹令人豪,蕉与竹令人韵,秋海棠令人媚,松令人逸,桐令人清,柳令人感。

张竹坡曰:美人令众卉皆香,名士令群芳俱舞。

尤谨庸曰:读之惊才绝艳①,堪采入《群芳谱》中②。

【注释】

① 惊才绝艳:形容才华惊人,文辞瑰丽。清代王晫《今世说·企羡》有:"彭羡门惊才绝艳,词家推为独步。"
② 《群芳谱》:明代介绍栽培植物的著作,全称是《二如亭群芳谱》,由明代王象晋编撰。全书三十卷,内容按天、岁、谷、蔬、果、茶竹、桑麻、葛棉、药、木、花、卉、鹤鱼等十二谱分类,记载植物达四百余种。清康熙四十七年(1708),汪灏等人奉康熙帝之命,在《群芳谱》的基础上又改编成《广群芳谱》一百卷。

【译文】

梅花令人感到高洁,兰花令人感到幽静,菊花令人感到野趣横生,莲花令人感到淡泊超迈,春海棠令人感到妖娆艳丽,牡丹令人感到豪华雍容,芭蕉与竹子令人感到别有风韵,秋海棠令人感到娇艳妩媚,松树令人感到超脱飘逸,梧桐令人感到清高孤介,柳树令人多愁善感。

张竹坡说:美人令所有花卉都散发香气,名士令所有花都轻轻舞动。

尤谨庸说:读起来才华惊人、文辞瑰丽,可以摘录到《群芳谱中》。

【点评】

不同的花有不同的品性,带给人的感受也不同,张潮在这里所叙述的便是各种花木带给他的不同感受。

第一三二则

物之能感人者,在天莫如月,在乐莫如琴,在动物莫如鹃,在植物莫如柳。

【译文】

事物中能感动人的,天上的莫过于月亮,乐器中的莫过于琴,动物中的莫过于杜鹃,植物中的莫过于柳树。

【点评】

月亮清辉朗照,自古以来就寄托了无数人的情感,也令无数伤心人得到慰藉。琴声抑扬,传达的是演奏者的心事与情怀,懂的人听来,心里就会引起深深的感慨与共鸣。杜鹃啼血,每到春来便哀哀鸣叫,声声劝行人,分别的人听来便别有一番伤心。柳丝细长,风中缠绵飘荡,又与"留"字谐音,自古以来就是送别折赠之物,因此看到柳树也会勾起人的思绪。这些都是容易引发人感情的物品。

第一三三则

妻子颇足累人,羡和靖梅妻鹤子;奴婢亦能供职,喜志和樵婢渔奴①。

尤悔庵曰:梅妻鹤子,樵婢渔童,可称绝对。人生眷属,得此足矣。

【注释】

① 志和:张志和,唐婺州金华人,字子同,初名龟龄。肃宗时待诏翰林,赐名志和。后坐事贬南浦尉。赦还,隐居江湖,自号烟波钓徒,又号玄真子。善歌词,多写闲散生活,又能书画、击鼓、吹笛。其词今存《渔父》五首。樵婢渔奴:唐肃宗曾赏赐张志和奴、婢各一人,张志和让他们结为夫妇,取名"渔童"、"樵青"。

【译文】

成家娶妻、养活儿女都是非常拖累人的事情,羡慕林和靖能把梅花当妻子,把白鹤当儿女;奴仆婢女也能尽责,仰慕张志和携婢女"樵青"与仆人"渔童"隐居。

尤悔庵说:梅妻鹤子,樵婢渔童,这两句可以称为绝对。人生眷属,能到这样的境地就足够了。

【点评】

人生不如意的时候,往往会羡慕无牵无挂、风来雨去的隐士高人,这里作者表达的也是这种感情。

第一三四则

涉猎虽曰无用①,犹胜于不通古今;清高固然可嘉,莫流于不识时务②。

黄交三曰：南阳抱膝时③，原非清高者可比。

江含徵曰：此是心斋经济语。

张竹坡曰：不合时宜则可，不达时务，奚其可？

尤悔庵曰：名言，名言！

【注释】

① 涉猎：粗略地阅读，浏览，不深入钻研。

② 不识时务：指不认识当前重要的事态和时代的潮流，也指待人接物不知趣。《后汉书·张霸传》："邓骘当朝贵盛，闻霸名行，欲与结交，霸逡巡不答。众人笑其不识时务。"

③ 南阳抱膝：诸葛亮在南阳隐居时。抱膝，以手抱膝而坐，有所思的样子。《三国志·蜀书·诸葛亮传》"亮躬耕垄亩，好为《梁父吟》"裴松之注引三国魏鱼豢《魏略》："每晨夕从容，常抱膝长啸。"

【译文】

随意浏览虽说没什么用，但还是胜过对古今事一概不懂；清高固然值得肯定，但不能变成不识时务。

黄交三说：诸葛亮在南阳抱着双膝长吟的时候，原本就不是清高的人所能相比的。

江含徵说：这是心斋经世济民的言语。

张竹坡说：不符合时代潮流还可以，不能认识当前势态，那怎么可以？

尤悔庵说：名言，名言！

【点评】

　　读书为科举,明清之际的读书人往往于四书五经之外毫无涉及,只是醉心举业,甚至对史书中的记载都毫不了解。清高的确是一种令人赞叹的品行,但是一味追求清高,对世俗生活完全不了解,对人间苦难也只作看不见,人事交接也毫不留心,就成了不识时务,这也是过犹不及。张潮对这两种人都有所不满。

第一三五则

　　所谓美人者,以花为貌,以鸟为声,以月为神,以柳为态,以玉为骨,以冰雪为肤,以秋水为姿①,以诗词为心,吾无间然矣②。

　　冒辟疆曰:合古今灵秀之气,庶几铸此一人。

　　江含微曰:还要有松蘖之操才好③。

　　黄交三曰:论美人而曰"以诗词为心",真是闻所未闻。

【注释】

① 秋水:秋天的江湖水,比喻女子姿神朗彻。
② 无间然:无可非议,无懈可击。《论语·泰伯》:"子曰:'禹,吾无间然矣。'"
③ 松蘖(niè)之操:喻指坚贞不渝的品行。蘖,即黄蘖、黄柏,性寒味苦。操,行为,品行。

【译文】

　　世人所说的美人,具有花一样的容貌,鸟一般的声音,月一样的精神,柳一样的体态,玉一般的骨骼,冰雪一般的皮肤,秋水一般的资质,诗词一样的心灵情感,这样,我便没有任何可挑剔的地方了。

冒辟疆说:融合古往今来的灵秀之气,也许可以铸成这样一位美人。

江含徵说:还要有松筠一样的节操才好。

黄交三说:评论美人说"以诗词为心",真是新奇罕见。

【点评】

张潮爱花、爱月、爱美人,在这一则详细地描绘了自己心目中的理想美人,不仅外貌美丽,而且气质高雅,更兼心思玲珑。这样的美人大概才能让张潮写出《杂诗》这样的作品吧:"天若不好色,牛女何相期;地若不好色,曷生连理枝。天地既好色,好色非自欺。佳人貌如花,肌肤冰雪资。多多乃益善,百味从朵颐。譬如供名葩,浓淡纷相随。但得个中趣,勿为迂者知。"

第一三六则

蝇集人面,蚊嘬人肤①,不知以人为何物?

陈康畴曰:应是头陀转世②,意中但求布施也。

释菌人曰:不堪道破。

张竹坡曰:此《南华》精髓也③。

尤悔庵曰:正以人之血肉,只堪供蝇蚊咀嘬耳。以我视之,人也;自蝇蚊视之,何异腥膻臭腐乎?

陆云士曰:集人面者,非蝇而蝇;嘬人肤者,非蚊而蚊。明知其为人也,而集之嘬之,更不知其以人为何物。

【注释】

① 蚊噆（zuō）人肤：蚊子叮咬人的皮肤。噆，咬，叮。《孟子·滕文公上》："狐狸食之，蝇蚋姑噆之。"

② 头陀：佛教语，原意为抖擞浣洗烦恼，后世也用以指行脚乞食的僧人。又作"驮都、杜多、杜荼"。《法苑珠林》："西云头陀，此云抖擞，能行此法，即能抖擞烦恼，去离贪著，如衣抖擞，能去尘垢，是故从喻为名。"

③《南华》：《南华真经》的省称，即《庄子》的别名。

【译文】

苍蝇聚集在人的脸上，蚊子叮咬人的皮肤，不知道它们把人当做什么东西？

陈康畴说：应该是僧人转世，心中只想要财物布施。

释菌人说：不能说破。

张竹坡说：这是《庄子》的精髓。

尤悔庵说：正是因为人的血肉只能供苍蝇蚊子叮咬。通过我自己看自己，是人；通过苍蝇蚊子看我，和腥膻腐臭有什么不同呢？

陆云士说：聚集在人脸上的，是本非苍蝇的苍蝇；叮咬人皮肤的，是本非蚊子的蚊子。明知道是人，却聚集在他身上叮咬他，更不知道他把人当成什么东西。

【点评】

张潮是一个有趣的人，他的趣不光是注重生活趣味，对一切有着敏锐诗意的观察，还在于他时不时展现的奇思妙想，本则就是一个极好的例子。

第一三七则

有山林隐逸之乐而不知享者,渔樵也、农圃也、缁黄也①;有园亭姬妾之乐而不能享、不善享者,富商也、大僚也。

弟木山曰:有山珍海错而不能享者②,庖人也③。有牙签玉轴而不能读者④,蠹鱼也、书贾也。

【注释】

① 缁(zī)黄:指僧道。僧人缁服,道士黄冠,故称。唐代独孤及《谢勅书兼赐冬衣表》:"缁黄载跃,斑白相欢。"
② 山珍海错:山间海中出产的珍异食品,泛指珍美丰盛的肴馔。出自南朝梁沈约《究竟慈悲论》:"秋禽夏卵,比之如浮云;山毛海错,事同于腐鼠。"
③ 庖(páo)人:厨师。
④ 牙签玉轴:卷型古书的标签和卷轴。借指书籍。牙,象牙。玉,美玉。形容书籍之精美。《隐居通议·古赋一》引宋傅幼安《味书阁赋》:"黄帘绿幕之闭,牙签玉轴之藏,出则连车,入则充梁。"

【译文】

有山林隐逸的乐趣而不知道享受的,是打鱼人、砍柴人、农夫、僧道;有园林姬妾的乐趣而不知道享受的、不善于享受的,是富有的商人、有权势的官员。

弟木山说:有丰盛的佳肴却不能享用的,是厨子;有各种精美书籍而不能阅读的,是蠹鱼、是书商。

【点评】

　　隐居山林、坐拥姬妾、家有园亭都是难得之事,然而要欣赏这些却要求人要具备一定的修养和自由。渔夫、樵夫和农夫忙于谋生,出家人热心求布施,这些人虽然生活在山林之中,但却没有出尘之心,只为糊口奔波,也没有足够的修养和趣味来享受清高的隐逸之趣。富商与高官虽然有园林和姬妾,但却终日碌碌,也没有闲情和时间来享受。

第一三八则

　　黎举云①:"欲令梅聘海棠,枨子想是橙臣樱桃②,以芥嫁笋③,但时不同耳。"予谓物各有偶,拟必于伦④。今之嫁娶,殊觉未当。如梅之为物,品最清高;棠之为物,姿极妖艳。即使同时,亦不可为夫妇。不如梅聘梨花,海棠嫁杏,橼臣佛手⑤,荔枝臣樱桃,秋海棠嫁雁来红,庶几相称耳。至若以芥嫁笋,笋如有知,必受河东狮子之累矣。

　　弟木山曰:余尝以芍药为牡丹后,因作贺表一通。兄曾云:"但恐芍药未必肯耳。"

　　石天外曰:花神有知,当以花果数升谢寒修矣⑥。

　　姜学在曰⑦:雁来红做新郎,真个是老少年也⑧。

【注释】

　　① 黎举:不详。这句话出自唐冯贽《云仙杂记》卷三引《金城记》"黎举常云:欲令梅聘海棠,枨子臣樱桃,以芥嫁笋,但恨时不

同耳。"

② 柽(chéng)子：橙子。

③ 以芥嫁笋：将芥菜嫁给竹笋。芥，芥菜，十字花科蔬菜，味辛辣。

④ 拟必于伦：将两个事物相提并论，首先必须得是同类的。

⑤ 橼：香橼。

⑥ 蹇(jiǎn)修：媒人。

⑦ 姜学在：即姜实节，字学在，号鹤涧，清山东莱阳人，居苏州。著名遗民姜而农的次子，以布衣终老。善书，笔势如篆籀，画山水法倪瓒。工诗，擅七绝。有《焚余草》。

⑧ 老少年：雁来红的别名。

【译文】

黎举说："想要让梅花聘娶海棠，柽子想是橙向樱桃称臣，将芥菜嫁给竹笋，可惜它们生长的时令不同。"我认为事物各有相配者，相提并论首先得是同类。前面说的嫁娶安排，实在觉得不恰当。梅花这种植物，品格最为清雅高洁；海棠这种植物，姿容特别妖艳。即使两者开放的季节相同，也不能结为夫妇。不如让梅花娶梨花，海棠嫁给杏花，香橼向佛手称臣，荔枝向樱桃称臣，秋海棠嫁给雁来红，这样就大致上相称了。至于把芥菜嫁给竹笋，竹笋如果有知觉，必然要遭受悍妻的折磨了。

弟木山说：我曾经把芍药做为牡丹的皇后，借此而写了一通贺表。

兄长曾说："只怕芍药未必同意。"

石天外说：花神如果有知觉，当会以花果几升来谢媒人了。

姜学在说：雁来红做新郎，真的是老少年了。

【点评】

根据花果蔬菜的品性与特点来为他们安排配偶与归属，使它们像人一样有复杂的社会关系，甚至还要讲出一番大道理，张潮真是有奇思。

第一三九则

五色有太过①，有不及，惟黑与白无太过。

杜茶村曰②：居独不闻唐有李太白乎？

江含徵曰：又不闻"玄之又玄"乎③？

尤悔庵曰：知此道者，其惟弈乎？老子曰："知其白，守其黑④。"

【注释】

① 五色：青、赤、白、黑、黄五种颜色。古代以此五者为正色。《尚书·益稷》："以五采彰施于五色，作服，汝明。"

② 杜茶村：杜濬，原名诏先，字于皇，号茶村，黄冈人。明崇祯十二年（1639）副贡，入清不仕，寓居于江宁四十余年，殁于扬州。他一生穷困潦倒，家贫至不能举火。有人欲代申请免征"房号银"，因耻居官绅之列，坚决拒绝。钱谦益来访，他拒不接见。其诗文皆工，而尤以诗著称，吴伟业曾云："吾五言律得茶村《焦山》诗而始进。"著作大部分散佚，今存《变雅堂遗集》。

③ 玄之又玄：指"道"幽昧深远，不可测知。出自《老子》："玄之

又玄,众妙之门。"玄,在《老子》中本指深奥、难懂的道理,此处实际指黑色,故意以一词多义,曲解经典。

④ 知其白,守其黑:对是非黑白,虽然明白,还当保持暗昧,如无所见。出自《老子》:"知其白,守其黑,为天下式。"

【译文】

五色有过分的地方,有不够的地方,只有黑色与白色不过分。

杜茶村说:难道没听说过唐朝有李太白吗?

江含徵说:又没听说过"玄之又玄"吗?

尤悔庵说:明白这种道理的,只有下棋吧?老子说:"知其白,守其黑。"

【点评】

老子说"五色令人目盲",张潮却认为五色各有过分与不足,只有黑和白是没有过分之处的,这既是对老子想法的继承,又有所发展。点评则是故意对他的话进行了曲解,杜茶村举了"李太白",江含徵则以"玄之又玄"暗示"太黑",令人莞尔。

第一四○则

许氏《说文》分部①,有止有其部而无所属之字者,下必注云:"凡某之属,皆从某。"赘句殊觉可笑,何不省此一句乎?

谭公子曰:此独民县到任告示耳②。

王司直曰:此亦古史之遗。

【注释】

① 许氏《说文》分部：指东汉许慎著《说文解字》划分文字部首。

② 独民县：只有一个百姓的县。

【译文】

许慎的《说文解字》划分部首，遇到只有其部而没有所属之字的，下面必定注释说："凡某之属，皆从某。"这多余的语句感觉非常可笑，何不省去这一句话呢？

谭公子说：这是独民县县令的到任告示。

王司直说：这也是古代历史的遗迹。

【点评】

《说文解字》是我国第一部按照部首排列的字典，作者是东汉时期的许慎。书中释义有固定的模式，每部的第一个字为部首，下面会注明"凡某之属，皆从某"，意思是凡是由这个部首统摄的字，都必然包含由这个部首充当的部分。如"木"字下的"凡木之属，皆从木"。有些部只有一个字，也仍然按照这个模式来标注，张潮认为在这种情况下，这句话就是多余的，不应该留存。但实际上文字是在不断发展的，有些只有部首的部也许会有新字出现，所以这句话并不算多余。

第一四一则

阅《水浒传》至鲁达打镇关西、武松打虎，因思人生必有一桩极快意事，方不枉在生一场。即不能有其事，亦须著得一种得意之书,庶几无憾耳!如李太白有贵妃捧砚事①,司马相如有文君当垆事②,严子陵有足加帝腹事③,王之涣、王昌龄有旗亭画壁事④,王子安有顺风过江作《滕王阁序》事之类⑤。

张竹坡曰:此等事,必须无意中方做得来。

陆云士曰:心斋所著得意之书颇多,不止一打快活林、一打景阳岗称快意矣。

弟木山曰:兄若打中山狼⑥,更极快意。

【注释】

① 李太白有贵妃捧砚事:传说李白为翰林院供奉时,曾于醉后奉命草诏,他要求高力士替他脱靴,杨贵妃为其奉砚。冯梦龙的《警世通言·李谪仙醉草吓蛮书》中有关于此事的记载,只是捧砚者变成了杨国忠。贵妃捧砚,见宋人刘斧《摭遗》中的记载:李白失意游华山,过县,宰方开门决事,白乘醉跨驴过门,宰怒,不知太白也。引至庭下曰:"汝何人?辄敢无礼!"白乞供状,状无姓名,曰:"曾龙巾拭吐,御手调羹,贵妃授砚,力士抹靴,天子门前尚容走马,华阳县里,不得我骑驴?"宰惊起,揖曰:"不知翰林至此。"太白跨蹇而去。

② 司马相如有文君当垆(lú)事:司马相如以琴挑逗富商卓王孙新寡的女儿卓文君,文君私奔,与相如在临邛卖酒。卓文君当垆,司马相如围一条犊鼻裈(kūn)洗酒器。事见《史记·司马相如列传》。

③ 足加帝腹:东汉严光与光武帝刘秀少时同游学。秀即帝位后,光变姓名隐遁。秀派人觅访,征召到京,授谏议大夫,

不受。因共偃卧,光以足加帝腹上。次日太史官奏"客星犯御座甚急",光武帝笑着说,这是我与故人子陵共卧耳。事详见《后汉书·严光传》。严光,字子陵,汉代高士,会稽余姚人。刘秀即位,多次延聘他,但他隐姓埋名,退居富春山。

④ 旗亭画壁:故事出自唐薛用弱《集异记·王之涣》:唐玄宗开元年间,诗人王昌龄、高适、王之涣三人齐名。有一次他们一起到酒楼畅饮。忽遇有伶人与女伎奏乐宴饮。三位诗人私下约定以歌女所唱的诗数来比较水平,唱到的诗多的就算获胜。一歌女唱"寒雨连江夜入吴",王昌龄伸手在壁上画一道,说:"一首绝句"。不久又一歌女唱"开箧泪沾臆",高适伸手在壁上画一道说:"一首绝句。"又一歌女唱"奉帚平明金殿开",王昌龄又伸手画一道说:"两首绝句。"王之涣自觉得久有诗名,就对王昌龄、高适说:"这几个都是失意的乐官罢了。"接着指着所有歌女中最漂亮的一个说:"这个人所唱的如果不是我的诗,我就永远不敢和你们争高下了。"那个女子开始唱了,唱的果然是王之涣的"黄河远上白云间"诗。旗亭,指酒楼,古代酒家筑亭道旁,挑旗门前,故称。

⑤ 王子安:即王勃,字子安,绛州龙门人,初唐四杰之一。顺风过江作《滕王阁序》事:唐代罗隐的《中元传》中记载:"唐王勃,方十三,随舅游江左。尝独至一处,见一叟。容服纯古,异之,因就揖焉。……叟曰:'中元水府,吾所主也。来日滕王阁作记,子有清才,何不为之?子登舟,吾助汝清风一席,子回,幸复过此。'勃登舟,舟去如飞,乃弹冠

诣府下。府帅阎公已召江左名贤毕集,命吏授笔砚。及勃,则留而不拒。"

⑥ 中山狼:喻恩将仇报、没有良心的人。事见明代马中锡的寓言《中山狼传》,记赵简子在中山打猎,一狼中箭逃命,东郭先生救之。既而狼反欲食东郭先生。明康海有《中山狼》杂剧演其事。

【译文】

阅读《水浒传》看到鲁智深拳打镇关西、武松打虎时,便想到人生必须要有一桩极称心所欲的事,才不枉生在世上一场。即使不能做出这种事,也要写出一种得意的书,这样才没有遗憾吧! 如李太白有杨贵妃为其捧砚之事,司马相如有与卓文君一起当垆卖酒之事,严子陵做过把脚放到汉光武帝肚子上的事,王之涣、王昌龄有旗亭画壁的故事,王勃有神仙顺风送他渡江以作《滕王阁序》的事。

张竹坡说:这种事,必须是无意之中才能做得出来。

陆云士说:心斋所写的满意的书很多,不仅仅一打快活林、一打景阳岗才能称得上快意之事。

弟木山说:兄长若是打那个像中山狼一样恩将仇报的人,更是非常快意。

【点评】

文中所列举的这几件都是令人快意的事情,其中所流露的是当事者睥睨凡俗的才气与豪情。张潮自遭变故之后,心中郁结,因此对这种畅快之事非常向往,所以其弟在评论中说如果他能够痛打中山狼的话,一定也会快意非常。

第一四二则

春风如酒①,夏风如茗②,秋风如烟,如姜芥③。

许筠庵曰④:所以秋风客气味狠辣⑤。

张竹坡曰:安得东风夜夜来?

【注释】

① 春风如酒:春风温软,令人感觉如饮了美酒般醺然自在。
② 夏风如茗:夏风清凉,拂去溽暑,令人感觉如饮了清茶一般精神舒畅。
③ 秋风如烟,如姜芥:秋风萧瑟,如烟气般呛人,又如姜芥一般辛辣刺激。
④ 许筠庵:即许承宣,字力臣,号筠庵,许承家之兄,清江苏江都人。康熙十五年(1676)进士,官工科给事中。二十年(1681),主陕西乡试,归卒于家。有《青岑文集》。
⑤ 秋风客:以各种借口向别人索取财物的干谒者。

【译文】

春风温软,令人感觉如饮了美酒般醺然自在;夏风清凉,拂去溽暑,令人感觉如饮了清茶一般精神舒畅;秋风萧瑟,如烟气般呛人,又如姜芥一般辛辣刺激。

许筠庵说:所以说打秋风的人神态凶狠毒辣。

张竹坡曰:怎样才能有东风夜夜吹来?

【点评】

"打秋风"也叫"打抽丰",是古代官场的一种常见现象,明清时期更是"秋风盛行"。为官不易,一旦做了官,不光家人跟着享福,沾亲带故的人也都想讨点吃喝与钱财。当时的小说和笑话中多有讽刺秋风客的内容。如《儒林外史》写范进中举之后,母亲过世,张静斋带着他到高要县打秋风。汤知县请他们吃饭。范进正在守丧期间,看着眼前的镶银杯箸、象牙筷子,便忸怩作态,不肯下箸。主人见状,下令换成竹筷瓷杯,本来还在犹豫要不要把荤菜撤了,换成素肴,却眼见范进从燕窝碗里挑了个大虾圆子放入口中,于是便放下心来。明代江盈科的《雪涛谐史》中有个笑话,更具讽刺意味:有一个读书人喜欢打秋风,他的好友在某处做巡按,知道他肯定会前来,于是提前令人用二百两银子打成一副枷锁和一条练绳,用药汁煮过,看起来黑乎乎的像铁一样。此人果然前来,一见面,巡按大怒,说:"我这巡按衙门是可以让你打秋风的吗?来人,给他戴上枷锁、捆上练绳,遣回原籍!"读书人非常生气,可是也没有办法,只能老老实实戴着刑具被押回原籍。好不容易挨到了两地交界之处,押解官给他取了枷、练,说:"您看这枷锁和练绳都是白银打造的,我们老爷厚待故人,只是怕别人闲话,不得不用这个办法掩人耳目。"结果这个读书人说:"你老爷还是待我比较薄,要真是厚待我,就打个两百斤的银枷枷我回来又如何?"银枷沉重,戴在脖子上,两百斤扛着,只怕不到县境就要枷死了,可见秋风客气味之狠辣。

第一四三则

冰裂纹极雅①,然宜细,不宜肥;若以之作窗栏,殊不耐观也。冰裂纹须分大小,先作大冰裂,再于每大块之中作小冰裂,方佳。

江含徵曰:此便是哥窑纹也②。

靳熊封曰③:"一片冰心在玉壶"④,可以移赠。

【注释】

① 冰裂纹:指瓷器表面美观但并不影响实际使用的裂纹。这种裂纹是通过控制瓷器胎体和瓷器表面釉层的物质成分,经过焙烧后冷却,使得釉层的收缩大于胎体的收缩,釉面因此出现开裂,成为瓷器的一种特殊装饰。

② 哥窑纹:即冰裂纹。冰裂纹以哥窑产最为有名。哥窑,又名哥窑、琉田窑,是中国古时五大瓷窑之一,为宋代浙江处州人章生一在龙泉琉田创建的瓷窑,章生一的弟弟章生二在龙泉也有瓷窑,叫弟窑。

③ 靳熊封:即靳治荆,字熊封,号书樵,清汉军镶黄旗人。历任安徽歙县知县、江西吉安知府。有《思旧录》。

④ 一片冰心在玉壶:比喻心地纯洁。出自唐代诗人王昌龄的《芙蓉楼送辛渐》:"寒雨连江夜入吴,平明送客楚山孤。洛阳亲友如相问,一片冰心在玉壶。"

【译文】

纹样中冰裂纹非常雅致,然而适宜细小,不适宜肥大;如果用它来做窗栏杆,非常不好看。冰裂纹应该分大小,先做出大冰裂,然后再从每个大块中做成小冰裂纹,这样才好。

江含徵说:这就是哥窑纹。

靳熊封说:"一片冰心在玉壶",可以拿来相赠。

第一四四则

鸟声之最佳者,画眉第一,黄鹂、百舌次之①。然黄鹂、百舌,世未有笼而蓄之者,其殆高士之俦②,可闻而不可屈者耶?

江含徵曰:又有"打起黄莺儿"者③,然则亦有时用他不着。

陆云士曰:"黄鹂住久浑相识,欲别频啼四五声"④,来去有情,正不必笼而畜之也。

【注释】

① 百舌:鸟名。善鸣,其声多变化。《淮南子·说山训》:"人有多言者,犹百舌之声。"高诱注:"百舌,鸟名,能易其舌效百鸟之声,故曰百舌也。以喻人虽多言无益于事也。"

② 俦(chóu):同类,伴侣。

③ 打起黄莺儿:出自唐金昌绪的《春怨》:"打起黄莺儿,莫教枝上啼。啼时惊妾梦,不得到辽西。"

④ 黄鹂住久浑相识,欲别频啼四五声:出自唐戎昱《移家别湖上亭》:"好是春风湖上亭,柳条藤蔓系离情。黄莺住久浑相识,欲别频啼四五声。"

【译文】

　　鸟声啼叫得最好听的,画眉鸟第一,黄鹂鸟、百舌鸟其次。但是黄鹂鸟、百舌鸟,世上没有关在笼子里喂养的,它们大概属于隐逸高士一类,是只可听其言论,而不能强迫的吧?

　　江含徵说:诗中又有"打起黄莺儿"的句子,可见也有用不着它的时候。

　　陆云士说:"黄鹂住久浑相识,欲别频啼四五声",前来离去都有感情,正是不必用笼子关起来养的原因。

【点评】

　　张潮仰慕隐逸高人,他也将这种感情投射到了自然界中的鸟类身上,认为鸣叫声最好听的两种鸟都可远观不可亵玩,就像志行高洁的隐士不向统治阶级屈服一样。但实际上这是他比较一厢情愿的想法,黄鹂是比较受欢迎的笼养鸟,欧阳修就写过"始知锁向金笼听,不及林间自在啼"的诗句。

第一四五则

　　不治生产[①],其后必致累人;专务交游,其后必致累己。

　　杨圣藻曰:晨钟夕磬[②],发人深省。

　　冒巢民曰[③]:若在我,虽累人累己,亦所不悔。

　　宗子发曰:累己犹可,若累人则不可矣。

　　江含徵曰:今之人未必肯受你累,还是自家稳些的好。

【注释】

① 不治生产：指不注意或无暇料理自己的生计。生产，生计和产业，谋生之业。
② 晨钟夕磬：清晨的钟声与傍晚的磬音，比喻言论令人警醒。
③ 冒巢民：即冒襄。

【译文】

不经营自己的生计产业，以后必然导致拖累别人；专爱结交朋友玩乐，以后必定会导致连累自己。

杨圣藻说：像清晨的钟声与傍晚的磬音一样，令人深刻反省。

冒巢民说：若是我，即使是拖累别人拖累自己，也不后悔。

宗子发说：拖累自己还可以，若是拖累别人就不行了。

江含徵说：如今的人不一定肯被你拖累，还是自己安稳一些比较好。

【点评】

这一条说的是人情世故，不经营生计就会生活困顿，以致将来拖累他人，要靠人接济。至于交游，更是比不治生产更进一层，交游愈多则花费愈多，只出不进，便有万贯家财也经不起，且交往之人彼此营求，也少不得自己受牵累。这是明察世情之后的审慎和智慧，只是知易行难。张潮自己早年家境优渥，交游广泛，"客尝满座，淮南富商大贾，惟尚豪华，骄纵自处，贤士大夫至，皆傲然拒不见，惟居士开门延客。四方士至者，必留饮涵赋诗，经年累月无倦色"，至于晚年生活困顿，也与此不无关系。这一则不仅表现了他对生计经营的态度，也能看出他的生活处境。

第一四六则

昔人云:"妇人识字,多致诲淫①。"予谓此非识字之过也。盖识字则非无闻之人②,其淫也,人易得而知耳。

张竹坡曰:此名士持身不可不加谨也。

李若金曰:贞者识字愈贞,淫者不识字亦淫。

【注释】

① 诲淫:引诱别人做奸淫之事。出自《周易·系辞上》:"慢藏诲盗,冶容诲淫。"
② 无闻之人:没有名声的人,不为人知的人。

【译文】

从前有人说:"女人能够识字,容易不守贞操。"我认为这不是识字的过错。因为能够识字就不是一般的普通人,这种人作出淫乱之事,容易被大家知道罢了。

张竹坡说:这就是名士修身不能不严谨的缘故。

李若金曰:贞洁的人识字后会更贞洁,淫乱的人不识字也一样淫乱。

【点评】

文中所引的这句话出自明代徐谟的《归有园尘谈》:"妇人识字,多致诲淫;俗子通文,终流健讼。"张潮对这句话发表了自己的看法,认为"识字"和"淫"是两件不同的事,彼此之间没有因果关系,只是因为知书识字的女性大都出身不凡,一旦有不轨之事,很容易被人知道。这是比较客观理性的态度。

第一四七则

善读书者,无之而非书:山水亦书也,棋酒亦书也,花月亦书也。善游山水者,无之而非山水:书史亦山水也①,诗酒亦山水也,花月亦山水也。

陈鹤山曰:此方是真善读书人,善游山水人。

黄交三曰:善于领会者,当作如是观。

江含徵曰:五更卧被时,有无数山水书籍在眼前胸中。

尤悔庵曰:山耶,水耶,书耶?一而二,二而三,三而一者也。

陆云士曰:妙舌如环,真慧业文人之语②。

【注释】

① 书史:经史之类的典籍,泛指书籍。
② 慧业文人:指有文学天才并与文字结为业缘的人。《宋书·谢灵运传》:"太守孟顗事佛精恳,而为灵运所轻。尝谓顗曰:'得道应须慧业文人。升天当在灵运前,成佛必在灵运后。'顗深恨此言。"

【译文】

善于读书的人,没有什么不是可读的书:山水也是书,棋酒也是书,花月也是书。善于游山玩水的人,没有什么不是游历的山水:书籍也是山水,吟诗喝酒也是山水,花月也是山水。

陈鹤山说:这才是真正善于读书的人,善于游山玩水的人。

黄交三说:善于领悟欣赏的人,应当是像这样看待书与山水。

江含徵说：五更天睡在被窝里的时候，有无数的山水在眼前，有无数的书籍在胸中。

尤悔庵说：是山，是水，是书？一而二，二而三，三者本质是一样的。

陆云士说：言辞巧妙，真是与文字结为业缘的人才能说出的话。

【点评】

真正善于读书的人可以将万事万物当做书来读，真正善于游山玩水的人也可以将一切都视作山水，从中悟出山水之妙。向世间万物学习，从中体悟精妙之处，正是读书与学习的最高境界。张旭观公孙大娘舞剑而悟出书法技巧是如此，陆游说"功夫在诗外"也是如此。

第一四八则

园亭之妙，在邱壑布置，不在雕绘琐屑①。往往见人家园亭，屋脊墙头，雕砖镂瓦，非不穷极工巧，然未久即坏，坏后极难修葺。是何如朴素之为佳乎？

江含徵曰：世间最令人神怆者②，莫如名园雅墅，一经颓废③，风台月榭④，埋没荆棘。故昔之贤达，有不欲置别业者。予尝过琴虞，留题名园句有云："而今绮砌雕阑在，剩与园丁作业钱。"盖伤之也。

弟木山曰：予尝悟作园亭与作光棍二法：园亭之善在多回廊，光棍之恶在能结讼⑤。

【注释】

① 雕绘琐屑：在那些细小的地方雕镂和彩绘图案。

② 神怆（chuàng）：伤心。

③ 颓废：倾圮荒废。

④ 风台月榭：指敞露透风的台榭和赏月的台榭。

⑤ 光棍：地痞，无赖。

【译文】

园林亭阁的妙处，在山石与沟渠的安排布局，不在于细微处的精雕细琢。我经常看到人家的园林亭榭，在屋脊墙头所用的砖瓦都雕刻精微，并不是没有极尽精工巧细，然而没多久就坏了，毁坏后又非常难以修理。这哪里比得上朴素的好呢？

江含徵说：世间最令人伤心的事，莫过于有名的园林别墅，一旦倾颓荒废，过去当风赏月的台榭埋没在荆棘丛中。所以过去的贤达之人，有不愿意购置别墅的。我曾经经过琴川虞城，为名园的题字里有一句："而今绮砌雕阑在，剩与园丁作业钱。"是为其伤心。

弟木山说：我曾经悟出了建造园林亭台与当光棍无赖的两个法门：园林亭台的好是因为多回廊，光棍可恶是因为能够结官司。

【点评】

园林与建筑的巧妙之处在于安排和布局，在于体现主人的审美和趣味，而不在琐碎之处的雕琢。屋脊墙头等处过于精雕细刻，反倒容易坏朽，而且也很难修复，因此张潮认为这些无关紧要的地方应该以朴素为佳。

第一四九则

清宵独坐,邀月言愁;良夜孤眠,呼蛩语恨①。

袁士旦曰:令我百端交集②。

黄孔植曰:此逆旅无聊之况,心斋亦知之乎?

【注释】

① 蛩(qióng):蟋蟀。

② 百端交集:无数感想交互汇集,形容感慨万千。南朝宋刘义庆的《世说新语·言语》:"卫洗马初欲渡江,形神惨悴,语左右云:'见此芒芒,不觉百端交集,苟未免有情,亦复谁能遣此!'"

【译文】

清静的夜晚,独自长坐,邀请月亮听我抒发忧愁;美好的深夜一人入眠,呼唤蟋蟀来诉说孤恨。

袁士旦说:让我感慨万千。

黄孔植说:这种描绘出游住在旅店中的无聊境况,心斋也明白吗?

【点评】

清宵独坐,向月亮抒发忧愁,有的也是闲愁。静谧的夜晚,与蟋蟀倾诉孤恨,无非是因为无人可谈,只能退而求之,以物为知己。这两句话前后相对,既勾勒出一幅孤清冷寂的画面,也表现了作者的寂寞无聊之情。

第一五〇则

官声采于舆论①,豪右之口与寒乞之口俱不得其真②;花案定于成心③,艳媚之评与寝陋之评概恐失其实④。

黄九烟曰:先师有言⑤:"不如乡人之善者好之,其不善者恶之⑥。"

李若金曰:豪右而不讲分上⑦,寒乞而不望推恩者⑧,亦未尝无公论⑨。

倪永清曰:我谓众人唾骂者,其人必有可观。

【注释】

① 官声:为官的声誉。舆论:公众的言论。
② 豪右:豪门大族。汉以"右"为上,故称"豪右"。寒乞:极其贫困的人。
③ 花案:旧指评定妓女名次的名单。清代余怀的《板桥杂记·丽品》中记载:"品藻花案,设立层台,以坐状元。"成心:成见,偏见。
④ 寝陋:容貌丑陋。
⑤ 先师:指孔子。
⑥ 不如乡人之善者好之,其不善者恶之:不如乡里的好人都喜欢他,乡里的坏人都厌恶他。这句话出自《论语·子路》"子贡问曰:'乡人皆好之,何如?'子曰:'未可也。''乡人皆恶之,何如?'子曰:'未可也。不如乡人之善者好之,其不善者恶之。'"
⑦ 不讲分上:不讲面子。

⑧ 不望推恩：不指望得到恩典或好处。

⑨ 公论：公正的言论。

【译文】

做官的名声来自于舆论，但从豪门贵族和贫寒乞丐的口中都不能得到真实客观的评论；花案决定于制作者的成见，过分的夸奖和浅陋的评价恐怕都会失去它的本来面目。

黄九烟说：先师孔子说过："不如乡里的好人都喜欢他，乡里的坏人都厌恶他。"

李若金说：出身豪门贵族却不讲情面的人，身为贫寒乞丐却不指望得到好处的人，也未尝没有公正的言论。

倪永清说：我认为大家都唾骂的人，必定有其可欣赏的地方。

【点评】

个人所处的位置决定了他对事情的看法，豪右和寒乞处在社会阶层的两端，他们的所求与所处都不同，对官员政绩的评论自然也天差地别，所以张潮认为这两者的言论都不够客观，不能采信。评定花案也是这样，评价者有所偏好，因此对人的赞美和贬低都不客观，有失其本来面目。

第一五一则

胸藏邱壑，城市不异山林；兴寄烟霞，阎浮有如蓬岛①。

【注释】

① 阎浮有如蓬岛：人间世界也如同蓬莱仙境。阎浮，"阎浮提"的

省称,代指人世间。蓬岛,即蓬莱山。是古代传说中的神山名,亦常泛指仙境。

【译文】

胸中藏有丘壑,居于城市和在山林中也没有什么不同;意兴寄托于烟霞云雾之中,人间世界也如同蓬莱仙境。

【点评】

城市与山林,尘世与仙境,都是人所身处的环境,其对人的影响在于心境,胸中淡泊,不求名利,那么即使居住在城市中,也和隐居山林没有什么不同。就如陶渊明所言:"结庐在人境,而无车马喧。"不执著于世间万事,将意兴寄托于烟霞,那么凡俗世间也和蓬莱仙境没有不同,人间就是乐土。张潮强调的是心境对于感知的影响,这和前面所说的"善游山水者,无之而非山水"有一定的相通之处。

第一五二则

梧桐为植物中清品①,而形家独忌之②,甚且谓"梧桐大如斗,主人往外走",若竟视为不祥之物也者。夫剪桐封弟③,其为宫中之桐可知;而卜世最久者④,莫过于周。俗言之不足据,类如此夫!

江含徵曰:爱碧梧者,遂艰于白镪⑤,造物盖忌之,故靳之也⑥。有何吉凶休咎之可关⑦?只是打秋风时光棍样可厌耳⑧。

尤悔庵曰:"梧桐生矣,于彼朝阳⑨。"诗言之矣。

倪永清曰:心斋为梧桐雪千古之奇冤,百卉俱当九顿⑩。

【注释】

① 清品：即上品。

② 形家：古代以相度地形吉凶，为人选择宅基、墓地为业的人，也称堪舆家。

③ 剪桐封弟：以剪梧桐叶游戏而分封兄弟。故事出自《吕氏春秋·重言》："成王与唐叔虞燕居，援梧叶以为珪，而授唐叔虞曰：'余以此封女。'叔虞喜，以告周公。周公以请曰：'天子其封虞邪？'成王曰：'余一人与虞戏也。'周公对曰：'臣闻之，天子无戏言。天子言则史书之，工诵之，士称之。'于是遂封叔虞于晋。"后世遂以"剪桐"为分封的典故。

④ 卜世：占卜预测传国的世数，亦泛指国运，此处指的是朝代实际传承的世数。西周、东周共传承七百多年。

⑤ 艰于白镪：形容经济窘迫。艰，欠缺，缺乏。白镪，指白银。

⑥ 靳：吝惜，不肯给予。

⑦ 吉凶休咎：祸福吉凶。

⑧ 打秋风：指假借各种名义向人索取财物。光棍样：无赖样子。

⑨ 梧桐生矣，于彼朝阳：梧桐树生长起来了，在那向阳的山坡上。出自《诗经·大雅·卷阿》："凤皇鸣矣，于彼高冈。梧桐生矣，于彼朝阳。"

⑩ 九顿：指九次叩头，此处指行重礼。

【译文】

梧桐是植物中的清高上品，但是堪舆家却很忌讳它，甚至说"梧桐大如斗，主人往外走"，竟把它看作不吉利的东西。历史上有周成王剪桐叶封给弟弟的故事，由此可知过去梧桐是种在宫中之物；而国运传承最长久的朝代,没有比得过周朝的。俗话不足以作为根据,大概都像这样吧!

江含徵说:喜欢梧桐树的人,便缺少钱,造物主大概是妒忌他,所以才这么吝惜。有什么祸福吉凶可关联?只是桐叶在秋风中瑟瑟发抖的无赖样子令人厌恶。

尤悔庵说:"梧桐生矣,于彼朝阳。"《诗经》中已经说过了。

倪永清说:心斋替梧桐树洗清千百年来少有的冤案,百花都应当向他九叩首。

【点评】

这一则是通过"梧桐"做例子,证明世俗言论的不可靠,体现了张潮对世界和人生的理性思考。

第一五三则

多情者不以生死易心,好饮者不以寒暑改量,喜读书者不以忙闲作辍。

朱其恭曰:此三言者,皆是心斋自为写照。

王司直曰:我愿饮酒、读《离骚》①,至死方辍,何如?

【注释】

① 饮酒、读《离骚》:这两件是古代名士喜做之事,典出《世说新语·任诞》:"王恭(孝伯)言名士不必须奇才,但使常得无事,痛饮酒,熟读《离骚》,便可称名士。"

【译文】

多情的人不因为生死而改变心意,爱好喝酒的人不因为季节变化而改变酒量,喜欢读书的人不因为忙碌或是清闲而坚持或中断。

朱其恭说:这三句话,都是心斋对自己的写照。

王司直说:我希望一边喝酒、一边读《离骚》,一直到死才停下,怎么样?

第一五四则

蛛为蝶之敌国,驴为马之附庸。

周星远曰:妙论解颐,不数晋人危语隐语①。

黄交三曰:自开辟以来②,未闻有此奇论。

【注释】

① 不数:不亚于。危语:使人害怕的话。隐语:指不直说本意而借别的词语来暗示的话,即现在的谜语。危语和隐语都是一种语言游戏,晋代人喜言,《世说新语》中有相关的记载。《世说新语·排调》:"桓南郡与殷荆州语次,因共作了语。顾恺之曰:'……火烧平原无遗燎。'桓曰:'白布缠棺竖旒旐。'殷曰:'投鱼深渊放飞鸟。'次作危语。桓曰:'矛头淅米剑头炊。'殷曰:'百岁老翁攀枯枝。'顾曰:'井上辘轳卧婴儿。'殷有一参军在坐,云:'盲人骑瞎马,夜半临深池。'殷曰:'咄咄逼人!'"

② 开辟以来:即盘古开天辟地以来。

【译文】

蜘蛛是蝶的敌人,驴子是马的从属。

周星远说:奇妙的言论令人发笑,不亚于晋代人说的危语和谜语。

黄交三说:自从开天辟地以来,从来没有听说过如此奇妙的说法。

【点评】

蝴蝶翩翩花间,容易误触蛛网,被蜘蛛所害,所以说蜘蛛是蝴蝶的天敌。驴子与马并非同种,但是都可以为人类所役使,且两者杂交还能生出骡子,彼此关系也较为接近,只是两者在人类世界中的形象完全不同,马被比为英才,驴子往往被视作蠢笨,所以只好成为马的附庸。

第一五五则

立品须发乎宋人之道学①,涉世须参以晋代之风流②。

方宝臣曰③:真道学未有不风流者。

张竹坡曰:夫子自道也。

胡静夫曰:予赠金陵前辈赵容庵句云:"文章鼎立庄骚外,杖履风流晋宋间。"今当移赠山老。

倪永清曰:等闲地位,却是个双料圣人④。

陆云士曰:有不风流之道学,有风流之道学;有不道学之风流,有道学之风流,毫厘千里。

【注释】

① 立品须发乎宋人之道学:培养品德需要取法宋代人的道学思

想。立品,培养品德。宋人之道学,指宋代儒家周敦颐、张载、程颢、程颐、朱熹等的哲学思想,也称理学。

② 涉世须参以晋代之风流:接触社会时则需要学习晋代人的飘逸旷达。涉世,接触社会,经历世事。

③ 方宝臣:方淇荩,原名兆玮,又名夏,字宝臣,安徽歙县人。有《岫园诗稿》。

④ 双料:双倍的物质材料或两种物质材料,多用于比喻。此处指两种行为既有儒家的端方,又有名士的放达。

【译文】

树立人品必须取法宋朝人的道学思想,步入社会则需要学习晋代人的飘逸旷达。

方宝臣说:真正的道学家没有不潇洒旷达的。

张竹坡说:这是在自己说自己。

胡静夫说:我赠给金陵前辈赵容庵的诗里说:"文章鼎立庄骚外,杖履风流晋宋间。"如今应该拿来送给山老。

倪永清说:寻常的地位,却是两边的圣人。

陆云士说:有不潇洒旷达的道学家,有潇洒旷达的道学家;有不严谨端正的名士,有严谨端正的名士,因为细微的差别而大不相同。

【点评】

这两句话既是全书的基调,也表明了作者为人处世的原则。张潮既重视儒家端正庄严的传统和要求,也向往魏晋名士的潇洒与风流,因此便以立品与涉世的不同方面将它们调和在一起。

第一五六则

　　古谓禽兽亦知人伦①。予谓匪独禽兽也,即草木亦复有之。牡丹为王②,芍药为相③,其君臣也;南山之乔,北山之梓④,其父子也。荆之闻分而枯,闻不分而活⑤,其兄弟也;莲之并蒂⑥,其夫妇也;兰之同心⑦,其朋友也。

　　江含徵曰:纲常伦理⑧,今日几于扫地,合向花木鸟兽中求之。又曰:心斋不喜迂腐,此却有腐气。

【注释】

① 人伦:封建社会中,人与人之间由礼教所规定的君臣、父子、夫妇、兄弟、朋友及各种尊卑长幼关系。

② 牡丹为王:牡丹为花王。宋代欧阳修的《洛阳牡丹记·花释名》中说:"钱思公尝曰:'人谓牡丹花王,今姚黄真可为王,而魏花乃后也。'"

③ 芍药为相:芍药为花相。宋代杨万里写过《多稼亭前两槛芍药红白对开二百朵》诗:"好为花王作花相,不应只遣侍甘泉。"原诗有注:"论花者以牡丹王,芍药近侍。"

④ 南山之乔,北山之梓:南山上的乔木,北山上的梓树,喻指父子。出自《尚书大传·梓材》:"伯禽与康叔见周公,三见而三笞之。康叔有骇色,谓伯禽曰:'有商子者,贤人也。与子见之。'乃见商子而问焉。商子曰:'南山之阳有木焉,名乔。二三子往观之,见乔实高高然而上,反以告商子。商子曰:'乔

者,父道也。南山之阴有木焉,名梓。'二三子复往观,见梓实晋晋然而俯,反以告商子。商子曰:'梓者,子道也。'二三子明日见周公,入门而趋,登堂而跪。周公迎拂其首,劳而食之,曰:'尔安见君子乎?'"

⑤ 荆之闻分而枯,闻不分而活:紫荆听说要分家就枯死了,听说不分家就重新复活。故事出自南朝梁吴均《续齐谐记·紫荆树》:"田真兄弟三人析产,堂前有紫荆树一株,议破为三,荆忽枯死。真谓诸弟:'树本同株,闻将分斫,所以憔悴,是人不如木也。'因悲不自胜,兄弟相感,不复分产,树亦复荣。"后世以紫荆喻指兄弟。

⑥ 莲之并蒂:生长在同一个花蒂上的两朵莲花,文学作品中多用来比喻夫妻恩爱。

⑦ 兰之同心:指情投意合的朋友。《周易·系辞上》:"二人同心,其利断金。同心之言,其臭如兰。"

⑧ 纲常:"三纲五常"的简称。封建时代以君为臣纲,父为子纲、夫为妻纲为三纲,仁、义、礼、智、信为五常。伦理:即人伦道德之理,指人与人相处的各种道德准则。

【译文】

古人说禽兽也懂得人类的纲常。我认为不单是禽兽,就连草木也有伦理纲常。牡丹是国君,芍药是丞相,这是君臣;南山的乔木,北山的梓木,这是父子;紫荆听说要分家就枯死,听说不分家就复活,这是兄弟;莲花并蒂依偎相伴,这是夫妇;兰花同心而生,这是朋友。

江含徵说:三纲五常的人伦道德,如今几乎都丢光了,只能向花木禽鸟兽类中探求。又说：心斋不喜欢迂腐的言论，这一则却有迂腐之气。

【点评】

张潮以儒家的眼光来看待自然中的植物和动物，以自己的方式为它们笼罩上一层伦理道德的外衣，使之像人类一样建立各种关系。这既是他一片痴心的体现，也是他儒家迂腐气的流露，所以江含徵便点评说这一则有迂腐之气。

第一五七则

豪杰易于圣贤①，文人多于才子。

张竹坡曰：豪杰不能为圣贤，圣贤未有不豪杰。文人才子亦然。

【注释】

① 豪杰：指才智勇力出众的人。《管子·七法》中说："收天下之豪杰，有天下之骏雄。"

【译文】

做豪杰比当圣贤容易，文人的数量多于才子。

张竹坡说：豪杰不能成为圣贤，圣贤却没有不是豪杰之士的。文人和才子之间也是这样的。

第一五八则

牛与马,一仕而一隐也;鹿与豕,一仙而一凡也。

杜茶村曰:田单之火牛①,亦曾效力疆场;至马之隐者,则绝无之矣。若武王归马于华山之阳,所谓勒令致仕者也②。

张竹坡曰:"莫与儿孙作马牛"③,盖为后人审出处语也④。

【注释】

① 田单之火牛:语本《史记·田单列传》:"(田单)乃收城中得千余牛……束兵刃于其角,而灌脂束苇于尾,烧其端;凿城数十穴,夜纵牛,壮士五千人随其后,牛尾热,怒而奔燕军,燕军夜大惊。"田单,为战国时齐国将领。

② 致仕:亦作"致事"。旧时指辞官退休。

③ 莫与儿孙作马牛:比喻父母不必为儿女操心太多。元代无名氏《渔樵记》:"月过十五光明少,人到中年万事休。儿孙自有儿孙福,莫与儿孙作马牛。"

④ 出处:出仕和隐退。语本《周易·系辞上》:"君子之道,或出或处,或默或语。"

【译文】

牛和马,一个出仕做官,一个隐逸山林;鹿与猪,一个是仙家,一个是俗物。

杜茶村说:田单的火牛,也曾经在战场上效劳;至于马中的隐士,就绝没有了。像周武王将马放归于华山之南,就是所谓的勒令辞官了。

张竹坡说:"莫与儿孙作马牛",大概是替后人考虑了去就与退隐的言语。

【点评】

牛与马都是供人类役使的家畜,但是因为它们的不同用途,张潮也赋予了他们不同的性格与处境。牛主要用来耕种,山林多见,所以有隐逸山林之气。马经常用在庙堂仪式或征战疆场,是在为朝廷效力,所以像出仕做官者。而鹿和猪则因为其外形与象征的不同划分出仙凡,鹿有吉祥之意,且多作为神仙的坐骑,所以是仙家。猪生活的环境肮脏,性情懒惰,被人们杀来吃肉,可算是不折不扣的俗物。

第一五九则

古今至文,皆血泪所致。

吴晴岩曰[1]:山老《清泪痕》一书[2],细看皆是血泪。

江含徵曰:古今恶文,亦纯是血。

【注释】

① 吴晴岩:即吴肃公。

②《清泪痕》:张潮所作组诗五十首。

【译文】

古往今来最好的文章,都是作者用血泪写成的。

吴晴岩说：山老的《清泪痕》一书，细看来都是作者的血泪。

江含徵说：古往今来的坏文章，也都是血写成的。

【点评】

文中提到的《清泪痕》是张潮为悼念妻子所做的五十首诗。陈鼎的《心斋居士传》里说："其少妇死，作《清泪痕》五十律以哀之，属而和者能国。"张潮自己在《曼殊别志书跋》中也说："予复有长恨，间为诗五十首，名《清泪痕》，同人皆有赠挽诗歌，今读此，不觉触予旧恨也。"所以吴晴岩说："山老《清泪痕》一书，细看皆是血泪。"

第一六〇则

"情"之一字，所以维持世界；"才"之一字，所以粉饰乾坤①。

吴雨若曰②：世界原从情字生出。有夫妇，然后有父子；有父子，然后有兄弟；有兄弟，然后有朋友；有朋友，然后有君臣。

释中洲曰：情与才缺一不可。

【注释】

① 粉饰：打扮，装饰。此处指的是才气将世间装饰得更好。

② 吴雨若：即吴肃公。

【译文】

"情"这一个字，是用来维持世界运转的；"才"这一个字，是用来将世间装饰得更美好的。

吴雨若说:世界本来就是从情字上生出来的。先有夫妇,然后才有父子;有了父子,之后才有兄弟之情;有了兄弟,之后才有朋友相交;有了朋友,然后才有君臣。

释中洲曰:情与才缺了哪一个都不行。

【点评】

人类社会是从血缘和婚姻关系发展出来的,可以说正是先有了情感关系才生出人伦,夫妇、父子、朋友、君臣都是以不同感情为纽带联系在一起的。世间生活的美好离不开才气,因为有智慧与才情,人类社会才能不断进步,不管是实践才干还是艺术才华都是推动世界前进的动力。也正是因为有了各种才子,才使得这个世界有了诗意与灵气。因此张潮认为"情"是用来维持世界运转的东西,而"才"则是将世界装点得更美好的东西。

第一六一则

孔子生于东鲁[①],东者生方,故礼乐文章[②],其道皆自无而有;释迦生于西方[③],西者死地,故受想行识[④],其教皆自有而无[⑤]。

吴街南曰:佛游东土,佛入生方;人望西天[⑥],岂知是寻死地?呜呼!西方之人兮,之死靡他[⑦]。

殷日戒曰:孔子只勉人生时用功,佛氏只教人死时作主,各自一意。

倪永清曰:盘古生于天心,故其人在不有不无之间。

【注释】

① 东鲁：原指春秋鲁国，后以此指鲁地，大致在今山东省。
② 礼乐文章：指古代儒家关于礼乐的制度。文章，礼乐制度。《礼记·大传》："考文章，改正朔。"郑玄注："文章，礼法也。"孙希旦集解："文章，谓礼乐制度。"
③ 释迦：指的是佛教创始人乔达摩·悉达多，他生于北印度的迦毗罗卫国（今尼泊尔南部），是净饭王的太子。成佛后，他被世人尊称为"释迦牟尼"，意思为"释迦族的圣人"，"释迦"是他所属的部族释迦族的名称。"佛陀"也是后人对他的尊称，意思是大彻大悟的人。
④ 受想行识：出自佛教的五蕴观念，五蕴是世间五类现象的总称。佛陀认为宇宙间一切事物和现象，都不是孤立的存在，而是由多种因素条件集合而成的，五蕴即是构成我们的存在以及我们赖以生存的环境的五类因素。这五类因素分别为色、受、想、行、识，总称为五蕴。色蕴，泛指宇宙间一切物质现象，亦包括我人的身体。受蕴，我人的感受作用，感觉或单纯的感情。想蕴，我人的思想、概念，或心中浮现的形象，或表象作用。行蕴，行是造作，也包括我人的意志、意念及行为。亦指受、想以外，心识的一般作用。识蕴，识是认识作用，此在唯识学上称为了别作用。
⑤ 教：教义，教理。自有而无：从有到万物皆无，这是因为佛教思想主张万法皆空，一切皆无。
⑥ 西天：指的是西方极乐世界。
⑦ 之死靡他：至死不变，形容忠贞不二。语出《诗经·鄘风·柏

舟》:"之死矢靡它,母也天只,不谅人只。"此处化用,有戏谑之意。

【译文】

孔子出生在东边的鲁国,东方是生命之方,所以儒家讲礼乐文章,它们的道统都是从无到有;释迦牟尼出生在西方,西方是死亡之地,所以佛家说受想行识,它们的教义都从有到无。

吴街南说:佛法传入东土,是佛进入生命之方;凡人期望西天极乐世界,哪知道是自寻死路?呜呼!西方之人啊,我心至死不变。

殷日戒说:孔子只是勉励人们在生的时候下功夫,佛教只教人们为死后做主,主张不同,各有一个意思。

倪永清说:盘古出生于天的中心,所以他在不有和不无之间。

第一六二则

有青山方有绿水,水惟借色于山;有美酒便有佳诗,诗亦乞灵于酒①。

李圣许曰:有青山绿水,乃可酌美酒而咏佳诗,是诗酒又发端于山水也。

【注释】

① 乞灵:求助于神灵或某种权威,这里比喻饮酒寻求灵感。

【译文】

有青山才有绿水,水必须从山那里借来颜色;有美酒就能有好诗,诗也须从酒那里寻求灵感。

李圣许说:有青山绿水,才能饮美酒写好诗,所以诗和酒又源自青山绿水。

【点评】

　　山与水需要互相映衬才能显现出彼此的美好,不光水要沾染山的浓绿,山也要水波荡漾才能于高峻挺拔中显出灵秀之气。诗人多好酒,酒可以令人逸兴遄飞,饮酒之后便容易写出杰作。"李白斗酒诗百篇",便是由酒而来的佳作。当代作家王蒙曾写过一篇《文人与酒》的鼓书词,内容非常有趣:

　　　　有酒方能意识流,人间天上任遨游。自古文人爱美酒,酒伴诗文传千秋。神州大地多琼液,且从茅台唱起头。茅台酒亦刚亦柔多醇厚,五粮液本色天成最解愁。杏花村里汾酒清秀,泸州特曲芬芳润喉。还有那绍兴黄、状元红、加饭花雕香满口,味美思、玫瑰露、桂花陈酿醉方休。太白斗酒诗千首,孟德举杯思悠悠。曹雪芹典当皆空沽薄酒,且酌且悲写红楼。嵇康刘伶我好友,万言驰骋笔难收。更堪喜而今世界多锦绣,中华连接五大洲。苏格兰、威士忌加冰块儿,拿破仑、白兰地掺雪球,香槟雪梨、杜松子酒,为了和平友谊文化交流。且尽杯中物,热流涌心头。

第一六三则

　　严君平[①],以卜讲学者也;孙思邈[②],以医讲学者也;诸葛武侯[③],以出师讲学者也[④]。

殷日戒曰:心斋殆又以《幽梦影》讲学者耶?

戴田友曰⑤:如此讲学,才可称道学先生。

【注释】

① 严君平:西汉蜀郡人,名遵。成帝时,卖卜于市,依蓍龟,与人言利害,得百钱足自养,则闭肆下簾读《老子》,一生不仕,至死都以卜筮为业。他通过卜筮宣扬忠君、孝悌等思想,蜀人对他很爱敬。《汉书》称他是"近古之逸民"。扬雄少年时从之学。年九十余卒。著有《道德真经指归》(《隋书·经籍志》作《老子指归》),现仅存七卷。

② 孙思邈:唐京兆华原人。少因病学医,并博涉经史百家学术,善言老庄,兼通佛典。隋文帝尝以国子博士召,不拜。唐太宗时召诣京师,年已老,欲官之,不受。高宗显庆中复召见,拜谏议大夫,上元元年(674)称疾还山。采药治病,贫富贵贱,一视同仁,后世称为"药王"。著有《千金要方》、《千金翼方》。

③ 诸葛武侯:即诸葛亮,他字孔明。东汉末避乱隆中,躬耕读书,自比于管仲、乐毅,时有"卧龙"之称。汉献帝建安十二年(207),刘备屯新野,三顾茅庐,亮陈据有荆益、西和诸戎、南抚夷越、结好孙权、共抗曹操之策,出而为刘备主要谋士。次年,曹操南争荆州,出使东吴,孙刘联合抗曹,获赤壁之胜,刘备据有荆州。建安十九年(214),入蜀增援刘备,定成都,任军师将军,镇守成都。备称帝,任丞相,录尚书事。张飞死后,领司隶校尉。章武三年(223),受遗诏辅佐刘禅,封武乡侯,领益州牧。政事无巨细,咸决于亮。东和孙权,南平诸郡,北争中原,

多次出兵攻魏。与魏将司马懿对峙于渭南,病卒于五丈原军中。谥忠武。相传他曾制木牛流马,用于山地转运,又革新连弩,能同发十箭。有《诸葛亮集》辑本。

④ 以出师讲学:他在著名的《出师表》中,表达了一系列修身治国主张。

⑤ 戴田友:疑为"戴田有",即戴名世。清代安徽桐城人,字田有,一字褐夫,号药身,又号忧庵,人称南山先生,又称潜虚先生。康熙四十八年(1709)中进士,授编修。自少时即留心明史,遍访遗书,网罗故老传闻,得方孝标《滇黔纪闻》,采其内容入己作。左都御史赵申乔劾奏所撰《南山集》用永历年号,遂得罪下狱,被杀,家属充发黑龙江。后人编有《戴南山先生全集》。

【译文】

西汉隐士严君平,靠卜筮来阐述自己的理论;孙思邈,靠行医来阐述自己的理论;诸葛亮,靠用兵来宣扬自己的主张。

殷日戒说:心斋大概是以《幽梦影》来阐述自己的主张吧?

戴田友说:像这样阐述学问,才可以称为道学先生。

第一六四则

人则女美于男,禽则雄华于雌①,兽则牝牡无分者也②。

杜于皇曰③:人亦有男美于女者,此尚非确论。

徐松之曰④:此是茶村兴到之言⑤,亦非定论。

【注释】

① 华:指羽毛漂亮。

② 牝(pìn):指雌性的兽。牡:指雄性的兽。

③ 杜于皇:即杜濬。

④ 徐松之:清江苏吴江人,字松之。有诗名,好游佳山水,曾缀集吴地古迹,与友张大纯撰《百城烟水》。

⑤ 茶村:指杜于皇,茶村是他的号。兴到之言:一时兴起的言语。

【译文】

人类是女的比男的美,鸟类则是雄的比雌的美,兽类则雌雄没有差别。

杜于皇说:人类也有男人比女人更美的,这则还不是确切的言论。

徐松之说:此是茶村一时兴起的言语,并不是确切论断。

第一六五则

镜不幸而遇嫫母①,砚不幸而遇俗子,剑不幸而遇庸将,皆无可奈何之事。

杨圣藻曰:凡不幸者,皆可以此概之。

闵宾连曰:心斋案头无一佳砚,然诗文绝无一点尘俗气,此又砚之大幸也。

曹冲谷曰②:最无可奈何者,佳人定随痴汉③。

【注释】

① 嫫(mó)母：古时的丑女，传说是黄帝的第四个妃子。
② 曹冲谷：曹铃，字冲谷，丰润人。官理藩院知事。有《雪窗诗集》。
③ 痴汉：指拙钝不灵的男子。《北史·齐显祖文宣帝本纪》："帝大笑曰：'天下有如此痴汉！方知龙逢、比干，非是俊物。'"

【译文】

镜子不幸遇上丑陋的嫫母，砚台不幸遇上没有学问的庸人，宝剑不幸遇上无能的将领，这都是没有办法的事情。

杨圣藻说：凡是不幸的人，都可以用这个来概括。

闵宾连说：心斋的书桌上没有一方好砚台，但是他的诗文没有一丝尘世庸俗之气，这又是砚台的一大幸运了。

曹冲谷说：最令人无可奈何的，是美人定然嫁给愚痴的男子。

【点评】

万物都有其长处与特点，最幸运的事情是遇到知音欣赏、为行家所用。然而际遇不由人，生活中总是有很多无可奈何的事情，在这一则中，张潮就通过镜子遇到丑女、砚台遇上没有学问的庸人、宝剑落入无能将领手中这几件事来表现对怀才不遇者的同情。

第一六六则

天下无书则已，有则必当读；无酒则已，有则必当饮；无名山则已，有则必当游；无花月则已，有则必当赏玩；无才子佳人则已，有则必当爱慕怜惜。

弟木山曰：谈何容易，即吾家黄山①，几能得一到耶？

【注释】

① 吾家黄山：我家黄山。张潮和弟弟生于黄山南麓的歙县，所以其弟自称如此。

【译文】

天底下没有书便罢了，有书就一定要读；没有酒便罢了，有酒就一定要喝；没有名山大川便罢了，有便一定要游览；没有娇花明月便罢了，有便一定要观赏品味；没有才子佳人便罢了，有便一定要爱慕怜惜。

弟木山说：哪有说得那么简单，就连咱们家乡的黄山，什么时候能去一趟呢？

【点评】

张潮希望读尽天下书，游遍佳山水、不虚度花月良辰、不错过才子佳人，希望与世间美好发生尽可能多的联系，然而这些都只是他心中的美好愿望罢了。现实生活中总是有种种障碍使人难以如愿，黄山自古就是有名的山水胜景，且离张潮家乡不远，即便如此，张潮也并未能前往游览。发愿简单，实行却难，就像张潮之弟所言"谈何容易"。张潮自己在第一七一则中，则认为这是没有缘分之故。

第一六七则

秋虫春鸟①，尚能调声弄舌，时吐好音；我辈搦管拈毫②，岂可甘作鸦鸣牛喘③？

吴菌次曰:牛若不喘,宰相安肯问之④?

张竹坡曰:宰相不问科律而问牛喘,真是文章司命⑤。

倪永清曰:世皆以鸦鸣牛喘为凤歌鸾唱⑥,奈何!

【注释】

① 秋虫:指蟋蟀,多在秋天鸣叫。

② 搦(nuò)管拈毫:本指握笔,以此借喻执笔为文。搦、拈,都有握执之意。管、毫,都代指笔。

③ 鸦鸣牛喘:两者都是极为难听的声音,此处比喻写出的文章拙劣不堪。

④ 宰相安肯问之:宰相哪里会过问。故事出自《汉书·丙吉传》:"吉又尝出,逢清道群斗者,死伤横道,吉过之不问,掾史独怪之。吉前行,逢人逐牛,牛喘吐舌,吉止驻,使骑吏问:'逐牛行几里矣?'掾史独谓丞相前后失问,或以讥吉,吉曰:'民斗相杀伤,长安令、京兆尹职所当禁备逐捕,岁竟丞相课其殿最,奏行赏罚而已。宰相不亲小事,非所当于道路问也。方春少阳用事,未可大热,恐牛近行,用暑故喘,此时气失节,恐有所伤害也。三公典调和阴阳,职当忧,是以问之。'掾史乃服,以吉知大体。"

⑤ 司命:本指掌管生命的神,此处借指掌握别人命运的人。

⑥ 凤歌鸾唱:凤鸾的鸣叫,优美且难得一闻。

【译文】

秋天的鸣虫和春天的鸟,尚且能够调弄自己的口舌,不时地发出动听的声音;我们这些舞文弄墨的人,怎么可以甘心像乌鸦叫和牛喘息那样,写出粗劣不堪的文章?

吴菡次说:牛要是不喘息,宰相丙吉又怎么会问发生了什么呢?

张竹坡说:宰相不问犯科律的事,而问牛喘息,真是掌管文章司命之人。

倪永清说:世上的人都把乌鸦啼叫和牛喘声当难得一闻的凤鸾鸣叫声,有什么办法呢!

【点评】

秋虫唧唧、春鸟嘤嘤,都是自然界中美好的声音,不仅常闻,而且能够引起人们的思绪,都是常见于诗词中的动物。王国维有《齐天乐·蟋蟀》一首,写的就是听蟋蟀哀鸣引发的愁绪。"天涯已自愁秋极,和须更闻虫语。乍响瑶阶,旋穿绣闼。更入画屏深处。喁喁似诉。有几许哀丝,佐伊机杼。一夜东堂,暗抽离恨万千绪。空庭相和秋雨。又南城罢柝,西院停杵。试问王孙,苍茫岁晚,那有闲愁无数。宵深谩与。怕梦稳春酣,万家儿女。不识孤吟,劳人床下苦。"陶渊明在《停云》中也描绘过春鸟和鸣的情景:"翩翩飞鸟,息我庭柯。敛翮闲止,好声相和。"物犹如此,人更应该有所表达与追求,张潮正是借与动物对比,来勉励读书人努力创作,而不要自甘堕落。

第一六八则

媸颜陋质①,不与镜为仇者,亦以镜为无知之死物耳②。使镜而有知,必遭扑破矣。

江含徵曰:镜而有知,遇若辈早已回避矣。

张竹坡曰:镜而有知,必当化媸为妍。

【注释】

① 媸(chī)颜陋质:容貌丑陋,姿色平庸。

② 无知之死物:没有知觉智识的无生命物体。

【译文】

容颜姿质丑陋的人,不跟镜子结仇,也是因为镜子是没有生命的东西而已。假如镜子像人有知觉,必定就会被摔破了。

江含徵说:镜子要是有知觉,遇见这些人早就设法躲避了。

张竹坡说:镜子要是有知觉,必定要变丑陋为貌美。

第一六九则

吾家公艺①,恃百忍以同居,千古传为美谈。殊不知忍而至于百,则其家庭乖戾睽隔之处②,正未易更仆数也③。

江含徵曰:然除了一忍,更无别法。

顾天石曰:心斋此论,先得我心。忍以治家,可耳,奈何进之高宗④,使忍以养成武氏之祸哉⑤?

倪永清曰:若用忍字,则百犹嫌少,否则以剑字处之足矣。或曰:"出家"二字足以处之。

王安节曰:惟其乖戾睽隔,是以要忍。

【注释】

① 吾家公艺:指的是唐代张公艺。因为彼此同姓,所以张潮称他为"吾家公艺"。张公艺,郓州寿张人,九代同居,北齐及隋开

皇年间,北齐东安王高永乐及隋文帝时邵阳公梁子恭都曾亲往慰抚。唐太宗贞观年间,曾加以旌表。麟德年间,唐高宗封泰山回朝时,亲自到张公艺家中,询问其如何做到九世同居,张公艺写了一百多个"忍"字,呈送给高宗。高宗颇为感动,并赐予他缣帛。

② 乖戾(lì)睽(kuí)隔:有矛盾,不和谐。乖戾,抵触,不一致。睽隔,有隔阂,不和睦。

③ 未易仆数:原意是儒行很多,一下子说不完,一件一件说就需要很长时间,即使中间换了人也未必能说完。后形容人或事物很多,数也数不过来。

④ 高宗:指唐高宗李治。

⑤ 武氏之祸:指武则天篡夺唐代皇权,建立周朝。

【译文】

　　我的同姓张公艺靠着上百个忍耐而九代同居一处,千百年来传为美谈。世人却不知光忍耐就能达上百个,那他家庭里隔阂不睦的地方,必定多得说也说不完。

　　江含徵说:然而除了一个忍字,也没有别的办法。

　　顾天石说:心斋这个说法,先得我心。忍用来管理家庭是可以的,奈何他将这个办法进献给高宗,使高宗忍到养成了武则天篡权的祸患?

　　倪永清说:若是靠忍字,那么上百个也嫌不够,不然用剑字来对待就够了。有人说:"出家"二字足以应对了。

　　王安节说:正因家中隔阂不睦,所以才要忍。

【点评】

　　张公艺九代同居的故事一向被传为美谈,但张潮却敏锐地觉察到了背后的问题。治家靠忍,而值得书写下来的忍字居然有上百个,那么不值一提的小矛盾小隔阂就不知道有多少了,这样得来的和谐团结,并没有什么真正意义。

第一七〇则

九世同居①,诚为盛事,然止当与割股、庐墓者作一例看②。可以为难矣,不可以为法也,以其非中庸之道也。

洪去芜曰:古人原有父子异宫之说③。

沈契掌曰:必居天下之广居而后可④。

【注释】

① 九世同居:九代人共同居住在一起,这是极为罕见的事。
② 割股:旧有自割股肉以供君亲食用之说,古人认为是大忠大孝的表现。庐墓:古人于父母或师长死后,服丧期间在墓旁搭盖小屋居住,守护坟墓,谓之庐墓。这在古代也被认为是孝的表现。
③ 父子异宫:父子不住在同一宫室。北齐颜之推《颜氏家训》:父子之严,不可以狎;骨肉之爱,不可以简。简则慈孝不接,狎则怠慢生焉。由命士以上,父子异宫,此不狎之道也;抑搔痒痛,悬衾箧枕,此不简之教也。"
④ 广居:宽大的住所,儒家用来比喻仁。《孟子·滕文公下》:"居天下之广居,立天下之正位,行天下之大道。"

【译文】

　　九代同居的确是难能可贵的事,然而只应当把它与割肉给父母吃了治病、父母葬后守墓三年的行为一样看待。可以将此看做难能可贵的事,不应该把它当做行为标准,因为它不符合中庸之道。

　　洪去芜说:古人原本就有父亲和儿子不住在同一宫室的说法。

　　沈契掌说:必定要住在天下最宽广的住宅里才行。

【点评】

　　针对上一则"九代同居"的故事,张潮给出了自己的评价,认为只能视作是与割股、庐墓一样的极端之事,非常难能可贵。但是不应该提倡这种行为,更不能将其视为行为准则,因为它们过于极端,并不符合儒家所提倡的中庸之道。

第一七一则

　　作文之法:意之曲折者①,宜写之以显浅之词;理之显浅者,宜运之以曲折之笔②;题之熟者,参之以新奇之想;题之庸者,深之以关系之论③。至于窘者舒之使长④,缛者删之使简⑤,俚者文之使雅,闹者摄之使静,皆所谓裁制也。

　　陈康畴曰:深得作文三昧语。

　　张竹坡曰:所谓节制之师。

　　王丹麓曰:文家秘旨,和盘托出,有功作者不浅。

【注释】

① 曲折:此处指主题或立意比较复杂。
② 曲折之笔:指运用婉转迂回的写法。
③ 深之以关系之论:深入挖掘其中蕴含的深层含义。深,这里作动词用,指深入挖掘。关系之论,题目所蕴含的深层意思。
④ 窘:窘迫短促。
⑤ 缛(rù):繁琐重复。

【译文】

　　写文章的法则:立意隐晦曲折的,应该用通俗浅明的语言来写;道理简单明了的,应该运用曲折跌宕的笔法来论述;题目常见的,就加进新颖奇异的构想;题目平庸的,深入挖掘其中蕴含的深层含义。至于窘迫短促的地方应该舒缓笔调使它变长,繁琐重复的地方应该删减它变得简洁,鄙俗粗浅的要修饰文字使其典雅,文辞浮躁的要抑制以使它平和,这就是所谓的剪裁。

　　陈康畴说:这是深得写文章的奥秘的话。

　　张竹坡说:这就类似人们所说的军纪严整的队伍。

　　王丹麓说:作家的奥妙,被毫无保留地说出,对写作者的功劳不小。

【点评】

　　张潮一生勤于著述,不仅讲究章法,还极力追求形式创新,为此甚至刻意求偏求奇,比如他曾以八股为诗、以古代的名帖字为诗,以回文织锦为诗,爱在诗中使用生僻古字,使用各种怪异体式。在他的最后一部作品《奚囊寸锦》中,张潮以"诗、文、词、曲、骚、赋、四六"等为体例,按照"天文地理、时令人物、花木鸟兽、宫室器用、衣服身体"等为门类,以"岁交、上元、上巳、五日、七夕、中秋、重九"等为序,以"方圆斜正、三角、五角、六角、分瓣、杂花"为形状,通过"藏头拆字、顶针接麻、互借回文、象形会意"等特殊方式来进行创作,这本书可以说是他标新立异的集大成之作。在此姑举一首以人名入诗的作品为例子,诗名《覆试案》,是一首五言古诗,内容呈圆形分布,二三相间由草庐二字为起首,逆时针排列。

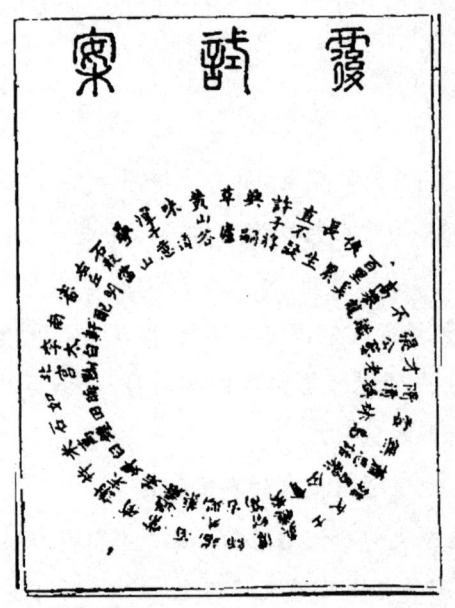

草庐黄山谷,味道淳于意。

叠山石敢当,左丘明审配。

南轩李太白,北宫黝如晦。

石田米万锺,杵臼谢末婢。

有若常遇春,百药端木赐。

师古倪智高,真德秀士会。

文同韩昌黎,萧思话无忌。

云林隋清娱,才老张公艺。
不识高攀龙,百里奚侠累。
生长直不疑,许子将兴嗣。

第一七二则

笋为蔬中尤物①,荔枝为果中尤物,蟹为水族中尤物②,酒为饮食中尤物,月为天文中尤物,西湖为山水中尤物,词曲为文字中尤物。

张南村曰③:《幽梦影》可为书中尤物。

陈鹤山曰:此一则又为《幽梦影》中尤物。

【注释】

① 尤物:美好珍贵、惹人怜爱的东西。
② 水族:统称生活在水里的动物。
③ 张南村:即张惣,字南村,一字僧持,号藤芜庵。明末清初江宁人,善诗画,好游山水。有《藤芜庵集》、《南村集》。

【译文】

竹笋是蔬菜中的美好之物,荔枝是水果中的美好之物,螃蟹是水族中的美好之物,酒是饮品食物中的美好之物,月亮是天文中的惹人怜爱者,西湖是山水中的绝色,词曲是文学作品中的尤物。

张南村说:《幽梦影》可算是书中的美好之物。

陈鹤山说:这一则又是《幽梦影》中的美好之物。

【点评】

张潮可以称得上是生活的美学家,这一则展现的是他对物质和精神的不同审美趣味。竹笋是蔬菜之中难得的清品,荔枝是色味俱佳的稀罕果品,螃蟹是水产中的美味,张潮将它们与酒、月、西湖山水和词曲并论,认为都是各自品类中的佼佼者。

第一七三则

买得一本好花①,犹且爱护而怜惜之,矧其为解语花乎②?

周星远曰:性至之语,自是君身有仙骨,世人那得知其故耶!

石天外曰:此一副心,令我念佛数声。

李若金曰:花能解语,而落于粗恶武夫,或遭狮吼戕贼③,虽欲爱护,何可得!

王司直曰:此言是恻隐之心④,即是是非之心。

【注释】

① 一本:一株,一棵。
② 矧(shěn):何况。
③ 戕(qiāng)贼:摧残,伤害。
④ 恻隐之心:形容对人寄予同情。恻隐,对别人的不幸表示同情。《孟子·告子上》:"恻隐之心,人皆有之。"

【译文】

买到一株好花,尚且要爱护并怜惜它,何况面对的是善解人意的美人呢？

周星远说：能说出这一番极为诚挚的话，是因为您身有仙骨，普通人哪里能够明白其中缘故呢！

石天外说：这一副菩萨心肠，令我感动至念佛号数声。

李若金说：貌美如花又善解人意，却落入粗俗凶恶的武夫之手，或者是遭到凶悍妒妇的摧残，即便想要爱护怜惜，又如何能做到！

王司直说：这句话是发了同情之心，也是存了是非之心。

【点评】

解语花本指杨贵妃，出自五代王仁裕的《开元天宝遗事》。"明皇秋八月，太液池有千叶白莲，数枝盛开，帝与贵戚宴赏焉。左右皆叹羡久之。帝指贵妃示于左右曰：'争如我解语花。'"世人遂以"解语花"来代指美人。

张潮在前面曾说"以爱美人之心爱花，则护惜倍有深情"此则说的是"以爱花之心爱美人"，对名花尚且爱护有加，对美人就更要深情护惜。

第一七四则

观手中便面①，足以知其人之雅俗，足以识其人之交游。

李圣许曰：今人以笔资丐名人书画②，名人何尝与之交游？吾知其手中便面虽雅，而其人则俗甚也。心斋此条，犹非定论。

毕邻谷曰③：人苟肯以笔资丐名人书画，则其人犹有雅道存焉。世固有并不爱此道者。

钱目天曰：二语皆然。

【注释】

① 便面：古代用以遮面的扇状物。后称团扇、折扇为便面。

② 丐：乞求，请求。

③ 毕麟谷：毕熙旸，字麟谷，安徽歙县人，有《佛解六篇》。

【译文】

看一个人手中拿的扇子，就足以知道这个人是风雅还是俗气，也足以推知这个人交往的朋友。

李圣许说：如今的人用润笔钱求购名人的书画，名人什么时候与他相交往过？我知道他手里拿的扇子非常雅致，但是他的人却非常庸俗。心斋说的这一条，仍然不是确定之论。

毕麟谷说：人假如肯用润笔钱请求名人的书法或者画作，那么这个人仍然还有一分高雅。世上确实有并不热衷此道的人。

钱目天说：这两句说的都对。

【点评】

孔子曾经说过："视其所以，观其所由，察其所安。人焉廋哉？人焉廋哉？"意思是要全面了解一个人，要看他正在做的事，检视他以往的所作所为，再思考他的心究竟安于什么样的事。这样一来，对方便无可隐瞒了。张潮在这一则中所说的也是通过人的行为与事物来判断其为人，推测他的交游往来。便面指的是手中所持的扇子，材质各有不同，上面一般会写有字画，有自己写的，也有朋友之间互赠。因此通过扇子的材质、所留书画、书画作者等情况，很容易便可以推知主人状况。材质与书画水平,可以判断主人身份与志趣品位,书画的内容则可推知其人交往的朋友。

第一七五则

水为至污之所会归,火为至污之所不到。若变不洁为至洁,则水火皆然。

江含徵曰:世间之物,宜投诸水火者不少,盖喜其变也。

【译文】

水是最脏的东西汇聚的地方,火是最脏的东西不能到达的处所。如果把不干净的东西变为最洁净的,那么水与火都能做到。

江含徵说:世界上的物品,应该扔到水中火里的有不少,只因为喜见它的变化。

第一七六则

貌有丑而可观者,有虽不丑而不足观者;文有不通而可爱者,有虽通而极可厌者。此未易与浅人道也。

陈康畴曰:相马于牝牡骊黄之外者[①],得之矣。

李若金曰:究竟可观者必有奇怪处,可爱者必无大不通。

梅雪坪曰[②]:虽通而可厌,便可谓之不通。

【注释】

① 相马于牝牡骊黄之外：挑选好马不必拘于毛色性别，意思是考察事物应抓住本质。骊，黑色。故事出自《列子·说符》，古代善相马的伯乐年老，推荐九方皋为秦穆公访求骏马。三月后于沙丘求得之。穆公问为何马，回答说是"牡而黄"；穆公派人去看，却是"牝而骊"。于是责备伯乐。伯乐喟然叹息说："若皋之所观，天机也。得其精而忘其粗，在其内而忘其外；见其所见，不见其所不见；视其所视，而遗其所不视。若皋之相马，乃有贵乎马者也。"意思是说九方皋所注意的是马的风骨品性，那些外表他已不去留心，这正是他善于相马的证明。等到马取来，果然是天下稀有的良马。

② 梅雪坪：梅庚，字耦长，梅鼎祚孙，清安徽宣城人，康熙二十年（1681）举人，官浙江泰顺知县。善八分书，尤长于诗画，性狷介，客游京师时，不妄投一刺。有《天逸阁集》。

【译文】

容貌有虽丑陋但耐看的，有虽然不丑却不值得看的；文章有虽然不通顺但令人喜爱的，有虽然通顺却令人厌恶的。这很难和浅薄的人说。

陈康畴说：相马能看到公母黑黄之外的本质，这才是真会相马。

李若金说：推究起来值得欣赏的人必然有奇怪的地方，令人喜爱的文章必定没有特别不通顺的。

梅雪坪说：虽然通顺但是令人厌恶，便可以称之为不通。

【点评】

容貌是天生的，无可选择，但是身材、举止、气度、才干却是可以通过后天提高的。有的人虽然五官一般,但是却有雍容的气度、坦荡的襟怀、专业的知识和幽默的态度,能够自立,愿意助人,也有帮助别人的能力,这些都是比容貌更重要的事情,也是更能够给自己和他人带来安全与快乐的品质。欣赏容貌之美是由于人的天性,但若是只能欣赏这些,则未免流于浅薄,懂得欣赏美貌之外的可观处,才是一个人真正成熟有修养的表现。文章与人一样,有的虽然通顺可读,但是内容却陈腐不堪,又或者文辞华美但内容空洞,质胜于文,虽通顺,但是惹人生厌。有的文章虽然文辞不通或结构不当,但是内容超拔,清新可喜,即使不通顺,也令人喜爱。这是因为遣词造句可以通过练习来提高,但立意和格局却有高下之分别。理解这其中的道理,需要一定的修养和见识,庸俗浅薄的人是很难明白的。

第一七七则

游玩山水亦复有缘,苟机缘未至,则虽近在数十里之内,亦无暇到也。

张南村曰:予晤心斋时,询其曾游黄山否,心斋对以未游,当是机缘未至耳。

陆云士曰:余慕心斋者十年,今戊寅之冬始得一面[1],身到黄山恨其晚,而正未晚也。

【注释】

[1] 戊寅:指康熙三十七年(1698)。

【译文】

　　游玩山水也讲究缘分，如果机缘没有来到，那么即使山水近在几十里之内，也没有闲暇去游览。

　　张南村说：我见到心斋的时候，问他曾经游玩过黄山没，心斋回答说没游玩过，应当是缘分还没到吧。

　　陆云士说：我仰慕心斋十年，如今的戊寅年冬天才得见一面，身至黄山时遗憾来得晚，其实并不晚。

【点评】

　　佛教讲因缘，一切事物之间都有"因"与"缘"的联系，而游山玩水也同样需要缘分，假如缘分未到的话，即使是近在几十里之内的山水也没有闲暇去游览。这句话可以和前面第一六六则对照来看，张潮说"无名山则已，有则必当游"，但是其弟提出了质疑"谈何容易。即吾家黄山，几能得一到耶"，此处简直可以看成是对这句话的回复。

第一七八则

　　"贫而无谄，富而无骄"[①]，古人之所贤也。贫而无骄，富而无谄，今人之所少也。足以知世风之降矣。

　　许来庵曰：战国时已有贫贱骄人之说矣[②]。

　　张竹坡曰：有一人一时，而对此谄对彼骄者，更难。

【注释】

　　① 贫而无谄，富而无骄：贫困而不谄媚，富贵而不骄横。语出《论

语·学而》:"子贡曰:'贫而无谄,富而无骄,何如?'子曰:'可也。未若贫而乐,富而好礼者也。'"

② 贫贱骄人:身处贫贱但很自豪,指贫贱的人蔑视权贵。语出《史记·魏世家》:"富贵者骄人乎?且贫贱者骄人乎?"

【译文】

"贫穷而不谄媚,富贵而不骄横",这是古人所崇尚的品行。贫穷卑微而不骄横,富贵而不谄媚,这是现在的人所缺少的品行。由此足以知晓社会风气的沦落了。

许来庵说:战国时期就已经有贫贱者骄横凌人的说法了。

张竹坡说:有同一个人同一时间,对此人谄媚却对另外的人骄横的,更难。

第一七九则

昔人欲以十年读书、十年游山、十年检藏①。予谓检藏尽可不必十年,只二三载足矣。若读书与游山,虽或相倍蓰②,恐亦不足以偿所愿也。必也如黄九烟前辈之所云,"人生必三百岁而后可"乎?

江含徵曰:昔贤原谓尽则安能,但身到处莫放过耳。

孙松坪曰:吾乡李长蘅先生③,爱湖上诸山,有"每个峰头住一年"之句④,然则黄九烟先生所云犹恨其少。

张竹坡曰:今日想来,彭祖反不如马迁⑤。

【注释】

① 检藏：检点藏书。

② 或相倍蓰(xǐ)：本指事物之间有时相差好几倍，此处指相差几倍的时间。倍蓰，指数倍。倍，一倍。蓰，五倍。语出《孟子·滕文公上》："夫物之不齐，物之情也。或相倍蓰，或相什百，或相千万。"

③ 吾乡李长蘅先生：因李长蘅也是安徽歙县人，与涨潮是同乡，所以此处称"吾乡李长蘅先生"。李长蘅，即李流芳，字茂宰，又字长蘅，号檀园，又号香海、泡庵，晚称慎娱居士，本安徽歙县人，侨居嘉定。与唐时升、娄坚、程嘉燧称"嘉定四君子"。与钱谦益友善，常往来常熟。万历三十四年（1606）举人，天启间宦官专权，遂绝意仕进。性孝友，能急友人之难，人品、文品俱高。工诗，擅书法，又能刻印。精绘事，擅山水，为"画中九友"之一。有《檀园集》。

④ 每个峰头住一年：这句诗其实出自明代诗人钟禧的《和友人招游西湖》："万顷西湖水贴天，芙蓉杨柳乱秋烟。湖边为问山多少？每个峰头住一年。"表达了诗人对西湖山水的热爱之情。

⑤ 彭祖：传说中的人物，因封于彭，故称彭祖。传说他善养生，善导引之术，活到八百高龄。事见汉代刘向的《列仙传·彭祖》。马迁：指司马迁。

【译文】

前人想要用十年的时间读书，用十年的时间游览山川，用十年检点收藏书籍。我认为检藏完全可以不用花十年，只要两三年就足够了。至于读书与游览山水，即使花上几倍的时间做，恐怕也不能够满足心愿。必须得像黄九烟前辈说的那样,"人生一世必须要活上三百岁,然后才可以"吧?

江含徵说:过去的贤者原本认为游玩穷尽怎么可能,只是自身去到的地方不要放过罢了。

孙松坪说:我家乡的李长蘅先生,喜爱西湖上的各座山,有"每个峰头住一年"的诗句,然而黄九烟先生所说的仍遗憾其太少。

张竹坡说:今天想来,长寿的彭祖反倒比不上游历广的司马迁。

【点评】

张潮认为检点藏书不用十年,只要二三年就可以完成了,剩下的时间可以挪到读书与游山之中。在这种分法之中,我们也可以感受到他对读书和游览山水的喜爱。

第一八〇则

宁为小人之所骂,毋为君子之所鄙;宁为盲主司之所摈弃[1],毋为诸名宿之所不知[2]。

陈康畴曰:世之人自今以后,慎毋骂心斋也。

江含徵曰:不独骂也,即打亦无妨,但恐鸡肋不足以安尊拳耳[3]。

张竹坡曰:后二句足少平吾恨。

李若金曰:不为小人所骂,便是乡愿[4];若为君子所鄙,断非佳士。

【注释】

① 盲主司：无识人之明，不能选拔真正人才的主考官。主司，古代科举考试的主考官。摒弃：屏除，抛弃，此处指不被选中。

② 名宿：指素有名望的人。

③ 但恐鸡肋不足以安尊拳耳：只怕我这如鸡肋般瘦弱的身体，没有地方可以安放您的拳头。鸡肋，鸡的肋骨。比喻瘦弱的身体。此句是化用了刘伶的典故。《晋书·刘伶传》中载："尝醉与俗人相忤，其人攘袂奋拳而往。伶徐曰：'鸡肋不足以安尊拳。'其人笑而止。"

④ 乡愿：指貌似谨厚，而实与流俗合污，谁也不得罪的伪善者。语出《论语·阳货》："子曰：'乡愿，德之贼也。'"

【译文】

宁愿被小人谩骂，不要被有德行的人鄙视；宁愿被不识英才的主考官所摒弃，不要被那些素有名望的人所不知道。

陈康畴说：世上的人从今天往后，千万不要骂心斋。

江含徵说：不光是骂，就算被小人打也不妨碍，只恐怕我这如鸡肋般瘦弱的身体，没有地方可以安放他的拳头罢了。

张竹坡说：后两句可以稍稍平息我心中之恨。

李若金说：不被小人谩骂，便是乡愿之人；若被君子所鄙视，肯定不是品行优良的人。

【点评】

张竹坡是当时有名的才子，曾经评点了《金瓶梅》，在当时引起极大反响。他曾经五次参加科举考试，均名落孙山。他后来来到扬州，与张潮相识，并拜为叔侄，还点评了《幽梦影》。这两个人不仅性情相投,在科举考试上也有类似的经历。他们两人虽然累试不第,但也都广有文名。张潮此处虽是抒发自己的感慨,但是也言中了张竹坡的心事,所以他才说"后二句足少平吾恨。"

第一八一则

傲骨不可无,傲心不可有。无傲骨则近于鄙夫,有傲心不得为君子。

吴街南曰:立君子之侧,骨亦不可傲;当鄙夫之前,心亦不可不傲。

石天外曰:道学之言,才人之笔。

庞笔奴曰:现身说法,真实妙谛。

【译文】

高傲的风骨不能没有,傲慢的心思不能有。没有高傲的风骨就近似粗鄙浅陋的人,有了傲慢的心思就不能成为有德行的君子。

吴街南说:站在君子身旁,风骨也不能高傲;处于庸俗浅陋的人面前,心思也不能不骄傲。

石天外说:道学的言论,用才子的文笔写出。

庞笔奴说:如同菩萨化身宣说法理,是真实不虚的精妙真谛。

【点评】

傲骨指的是为人方毅刚正、持身谨慎,既不傲物也不媚人,这些都是儒家所重视的美德。傲心指的是为人骄满,不能平心对待自己与他人。

孔子曾经说过:"如有周公之才之美,使骄且吝,其余不足观也已。"意思是一个人即使有周公那样美好的才能,如果骄傲又吝啬,那其他方面也就不值得一看了。张潮认为没有傲骨就是庸俗鄙陋的人,有了傲心则违背君子之道。由此可知,我们持身处世不能不端正谨慎。

第一八二则

蝉为虫中之夷齐①,蜂为虫中之管晏②。

崔青峙曰③:心斋可谓虫中之董狐④。

吴镜秋曰⑤:蚊是虫中酷吏,蝇是虫中游客。

【注释】

① 夷齐:伯夷、叔齐,是古代高尚有节的隐士。两人是孤竹国君之子,相传其父遗命立其弟叔齐为君,叔齐让伯夷,伯夷遁去。叔齐亦不立,而相与往归西伯周文王。周武王伐纣,两人叩马谏,以为不仁。及周灭商,夷、齐耻食周粟而隐于首阳山,采薇而食,遂饿死。

② 管晏:管仲和晏婴的并称,皆春秋时齐国名相。《史记·孟子荀卿列传》:"子之称淳于先生,管晏不及,及见寡人,寡人未有得也。"

③ 崔青峙(zhì):崔岱齐,字青峙,号天门,平山人。康熙甲子拔贡,曾任职刑部江南司部、湖南长沙知府,廉洁清正,学识渊博,著有《坐啸诗草》、《骊珠集》等。

④ 董狐：春秋时期晋灵公史官。周人辛有后裔，世袭太史，亦称史狐。灵公十四年（前607），公欲杀正卿赵盾，盾出奔未越境，盾族弟赵穿袭杀灵公，迎盾还。狐书于史策曰："赵盾弑其君。"以示于朝。盾不以为然。狐以盾身为正卿，出走未越境，归不讨贼，杀君者非盾而谁。孔子闻之，称其为古之良史。

⑤ 吴镜秋：即吴雯炯，字镜秋，号葛巾老人，清安徽歙县人，居南昌。著有《香草词》、《笙山草堂诗》等。

【译文】

蝉是昆虫中洁身自好的伯夷和叔齐，蜜蜂是昆虫界勤恳能干的管仲和晏子。

崔青峙说：心斋可以说是虫类中的董狐。

吴镜秋说：蚊子是昆虫中的严酷官吏，苍蝇是昆虫中的投靠权贵者。

【点评】

夷、齐指的是伯夷和叔齐，他们是商末孤竹君之子。孤竹君死的时候传位给叔齐，叔齐不肯继位，与伯夷互相推让，于是两个人共同投奔周朝。他们曾经阻止周武王伐商，但没有成功。商朝灭亡之后，两人隐居首阳山，不食周粟，采薇为食，最终饥饿而死。他们被认为是志行高洁的人。古人认为蝉生在树上，餐风饮露，志行高洁，就如同隐士一般。所以张潮将它们比作昆虫之中的伯夷和叔齐。管仲与晏婴在担任宰相时都勤政爱民，善于经营，使当时的经济得到了发展，蜜蜂辛苦采花，勤于酿蜜，也和他们一样善于经营，所以张潮将它们比喻成昆虫中的管仲和晏婴。

第一八三则

曰痴、曰愚、曰拙、曰狂,皆非好字面①,而人每乐居之;曰奸、曰黠、曰强、曰佞,反是②,而人每不乐居之,何也?

江含徵曰:有其名者无其实,有其实者避其名。

【注释】
① 好字面:指意思比较好的字。
② 反是:跟前面的情况相反。

【译文】
说人痴、说人愚、说人拙、说人狂,都不是有好含义的字,而人们总是喜欢用在自己身上。大家说的奸、黠,强、佞等字,这些跟前面的相反,而人们从不愿意用到自己身上,这是为什么?

江含徵说:有这种名声的人没有实际行为,有这种实际行为的人逃避这种名声。

第一八四则

唐虞之际①,音乐可感鸟兽②。此盖唐虞之鸟兽,故可感耳;若后世之鸟兽,恐未必然。

洪去芜曰:然则鸟兽亦随世道为升降耶?

陈康畴曰:后世之鸟兽,应是后世之人所化身,即不无升降,正未可知。

石天外曰：鸟兽自是可感，但无唐虞音乐耳。

毕右万曰：后世之鸟兽，与唐虞无异，但后世之人迥不同耳。

【注释】

① 唐虞之际：指尧与舜统治的时代，是古人心目中的太平盛世。唐虞，即尧、舜。尧为陶唐氏，舜为有虞氏。

② 音乐可感鸟兽：音乐可以打动飞禽走兽，使之应和世道。

【译文】

唐虞时期的音乐可以感动飞禽走兽。这大概因为它们是唐虞时期的飞禽走兽，所以可以被感动；如果是后世的飞禽走兽，恐怕未必会这样。

洪去芜说：然而飞禽走兽的品性也随着世道的盛衰而有所上升和下降吗？

陈康畴说：后世的飞禽走兽，应该是后世之人的化身，即使没有世风的盛衰变化，也不一定会被感动。

石天外说：飞禽走兽自然可以感动，只是没有唐虞时期的音乐罢了。

毕右万说：后世的飞禽走兽，跟唐虞时期的飞禽走兽没有不同，只是后世的人跟唐虞时期的人完全不同罢了。

【点评】

尧舜时期的鸟兽可以被音乐感动，张潮认为那是因为它们是尧舜时期的鸟兽，若换成后世的鸟兽就不见得会被音乐感发了。鸟兽如此，后世之人的状况可想而知。张潮用对比暗示了当下社会风气的低下，讽刺世道沦丧、人心不古。

第一八五则

痛可忍而痒不可忍,苦可耐而酸不可耐。

陈康畴曰:余见酸子偏不耐苦①。

张竹坡曰:是痛痒关心语。

余香祖曰:痒不可忍,须倩麻姑搔背②。

释牧堂曰③:若知痛痒,辨苦酸,便是居士悟处。

【注释】

① 酸子:即酸丁。旧时对贫寒而迂腐的读书人嘲讽性的称呼。
② 麻姑:传说中的仙女。传说东汉桓帝时曾应仙人王远(字方平)召,降于蔡经家,为一美丽女子,年可十八九岁,手纤长似鸟爪。蔡经见之,心中念曰:"背大痒时,得此爪以爬背,当佳。"方平知经心中所念,使人鞭之,且曰:"麻姑,神人也,汝何思谓爪可以爬背耶?"麻姑自云:"接侍以来,已见东海三为桑田。"又能掷米成珠,为种种变化之术。事见晋代葛洪的《神仙传》。
③ 释牧堂:不详。

【译文】

疼痛可以忍受,而瘙痒却无法忍受;苦味可以忍耐,而酸味却无法忍耐。

陈康畴说:我见那些酸腐读书人偏偏忍耐不了苦。

张竹坡说:这是痛痒关心的话。

余香祖说:瘙痒无法忍受,需要请麻姑挠背。

释牧堂说:若是知道痛与痒,辨得清苦与酸,便是居士的开悟之处。

第一八六则

镜中之影,着色人物也①;月下之影,写意人物也②。镜中之影,钩边画也③;月下之影,没骨画也④。月中山河之影⑤,天文中地理也;水中星月之象,地理中天文也。

恽叔子曰⑥:绘空镂影之笔。

石天外曰:此种着色写意,能令古今善画人一齐搁笔。

沈契掌曰:好影子俱被心斋先生画着。

【注释】

① 着色人物:涂上了色彩的人物画。

② 写意:国画的一种画法,不求工细,着意注重表现神态和抒发作者的意趣。多用水墨,不着色。

③ 钩边画:画法的一种,用线条描出物体形象的轮廓。因为从两条线勾成物形,又称为双勾画法。

④ 没骨画:传统花鸟画的一种画法,直接用颜色或墨色绘成花叶。

⑤ 月中山河之影:古人认为月亮上的阴影是地上山河的影子。

⑥ 恽叔子:即恽格,字寿平,又字正叔,亦称叔子,号南田,又有别号白云外史、云溪外史、东园客、草衣生、横山樵者、巢枫客,明

末清初江南武进人。十五岁在福建被清大将陈锦所掳,认为义子。父在杭州访得,请灵隐寺方丈谛晖劝锦,谓此子有慧根而福薄。乃剃度为僧。不久,随父回乡。初画山水,后改画没骨花卉,自成一家,工诗,书法学唐褚遂良,诗书画人称三绝。有《瓯香馆集》。

【译文】

镜子中的身影,是工笔画中上了颜色的人物画;月光下的人影,是传神写意的人物画;镜子里的身影,是用了双钩法的人物画。月光下的身影,是只用水墨的没骨画。月亮中隐现的山川河流的影子,是天文中的地理;而水中倒映的星星月亮的影像,是地理中的天文。

恽叔子说:真是能描绘虚空雕琢影像的文笔。

石天外说:这种着色画与写意画,能让古往今来善于画画的人一起停笔。

沈契掌说:美好的影子都被心斋先生画下来了。

【点评】

镜中的人影,纤毫毕现,可以忠实反映人的样貌与衣着,就好像是上了颜色的工笔细描人物画。月光之下的人影,反映的人的轮廓与姿态,就好像是不重形似的写意人物画。古代影子多以铜制,照出的人影难免朦胧模糊,就好像是双钩方法画就的人物画。月光下的影子黑乎乎一团,不见线条与筋骨,就如同使用水墨画成的没骨人物画。月亮中有明暗之影,就像是映照出的山川河流,是天文中的地理,地上的水中倒映满天星辰与明月,可以称得上是地理中的天文。张潮用对比手法写出了影子在镜中和月下的区别,同时又将联想发散至宇宙之间,写出了天文与地理的相互映照。难怪画家恽寿平称之为"绘空镂影之笔"。

第一八七则

能读无字之书,方可得惊人妙句;能会难通之解,方可参最上禅机。

黄交三曰:山老之学,从悟而入,故常有彻天彻地之言。

【译文】

能读得懂没有文字的书,方能写出令人惊讶的佳句;能领会难懂的解悟,方能参详最高深的禅法机要。

黄交三说:山老的学问,从领悟入手,所以经常有彻天彻地的言论。

【点评】

读无字之书,指的是从天地万物中学习知识、领悟方法,以此化为己用,写出有灵气的文章,这和陆游所说的"功夫在诗外"异曲同工。与此同理,只有理解了极难懂的解悟,才能参详最深奥的佛理。前者是张潮对求学作文的总结,后者是对学佛修行的一点心得。

第一八八则

若无诗酒,则山水为具文[①];若无佳丽,则花月皆虚设。

【注释】

① 具文：徒有形式而无实际作用的空文。

【译文】

如果没有诗和酒，那么山水不过是徒有形式；如果没有美丽的女子，那么鲜花和月亮都形同虚设。

【点评】

有诗和酒激荡人的情感和兴致，山水才能显现出它的美来，才能引发人们无数幽思与衷情。美人是世间的点缀，有了她们，鲜花的存在才有意义，月亮的清辉才值得倾洒。若是没有美人的映衬，这一切都毫无意义。李商隐在《春日寄怀》中说："纵使有花兼有月，可堪无酒又无人？"表达的就是"花月皆虚设"的无聊之感。与此相近，诗人李益的《写情》也说："水纹珍簟思悠悠，千里佳期一夕休。从此无心爱良夜，任他明月下西楼。"

第一八九则

才子而美姿容①，佳人而工著作②，断不能永年者，匪独为造物之所忌。盖此种原不独为一时之宝，乃古今万世之宝，故不欲久留人世以取亵耳③。

郑破水曰：千古伤心，同声一哭。

王司直曰：千古伤心者，读此可以不哭矣。

【注释】

① 美姿容：有美好的仪态和容貌。

② 工著作：指擅长撰写诗文。

③ 取亵：招致亵渎。取，得到，招致。亵，轻慢。

【译文】

身为才子而有美丽的容貌，身为美女而擅长写文章，之所以绝对不能长寿，并不只是因为被造物主所忌。因为这种人不仅是一个时期的珍宝，也是千秋万世的珍宝，所以造物主不愿让他们久留于人间而招致俗世的亵渎。

郑破水说：真是千百年来的伤心事，令人一起为之痛哭。

王司直说：千百年来的伤心者，读到这篇就可以不用哭了。

【点评】

才子佳人本就是难得的人物，更何况才子兼有佳人之美，美人并得才子之才，张潮认为这样的人定然不会长寿，一是因为被造物主所忌，一是因为造物主对他们极为珍视，不愿意令其为俗世亵渎。张潮曾经在书中第五则表示过"为才子佳人忧命薄"之心，这一则也是这种爱惜之心的流露。张潮爱才子佳人，愿意世上一切美好都归于他们，他有一首《杂兴》更是明白表露了这种感情。"有酒须进文人喉，酒气拂拂十指流。有花须插佳人头，云英雾鬓欢绸缪。有兴须同高士游，雄谈往复堪相酬。有剑须挂烈士鞲，不平肯为人间留。"

第一九〇则

陈平封曲逆侯①,《史》、《汉》注皆云"音去遇"。予谓此是北人土音耳。若南人四音俱全②,似仍当读作本音为是 北人于唱曲之"曲",亦读如"去"字。

孙松坪曰:曲逆,今完县也。众水濚洄③,势曲而流逆。予尝为土人订之。心斋重发吾覆矣④。

【注释】

① 陈平:西汉河南阳武人。家贫而好学,秦末,陈胜起事,事魏王咎为太仆。后从项羽入关,任都尉。旋归刘邦,任护军中尉,为谋士。献离间项羽、范增、笼络韩信之计,均为采纳。刘邦被匈奴围于平城,陈平以计赂匈奴阏氏,使其得出。高祖六年(前201),封曲逆侯。惠帝、吕后、文帝时历任丞相。吕后死,平与太尉周勃等合谋,诛诸吕,迎立文帝。卒谥献。

② 四音:即四声。

③ 濚(yíng)洄:水流回旋。

④ 发吾覆:揭除蔽障。见《庄子·田子方》:"微夫子之发吾覆也,吾不知天地之大全也。"

【译文】

陈平被封为曲逆侯,《史记》、《汉书》都注释说"读作去遇"。我认为这是北方人的土音。像南方人平、上、去、入四声俱全,似乎应当读成它本来的音调才对 北方人把唱曲的"曲"字,也读成"去"字。

孙松坪说:曲逆,是现在的完县。各条水流都至此回旋,地势曲折而河水逆流。我曾经为当地考订过具体所在。心斋这条重新解除了我的蔽障。

【点评】

张潮学问广博,博闻多识,在本书中多次谈及音韵与文字,然而他的观点只能当做是爱好者的意见来看,不能认为是确凿之论。

第一九一则

古人四声俱备,如"六"、"国"二字皆入声也。今梨园演苏秦剧①,必读"六"为"溜",读"国"为"鬼",从无读入声者。然考之《诗经》,如"良马六之"、"无衣六兮"之类②,皆不与去声叶③,而叶祝、告、燠;"国"字皆不与上声叶,而叶入陌、质韵④。则是古人似亦有入声,未必尽读"六"为"溜"、读"国"为"鬼"也。

弟木山曰:梨园演苏秦,原不尽读"六国"为"溜鬼"。大抵以曲调为别。若曲是南调,则仍读入声也。

【注释】

① 苏秦:战国时东周洛阳人,字季子。师鬼谷子,习纵横家言。早年游说诸侯,裘敝金尽,憔悴而归。后为燕昭王谋划,使齐、赵交恶,并使齐疲于外战。齐湣王末年,又为齐相。秦昭王约齐湣王并称东西帝,苏秦劝齐王取消帝号。与赵相李兑约燕、齐、韩、赵、魏合纵攻秦,赵封其为武安君,迫秦废帝号,归还部

分魏、赵土地。后燕将乐毅大举破齐，苏秦以反间罪暴露，被车裂而死。有《苏子》，今佚。古代有许多搬演苏秦故事的戏剧，苏秦剧指的就是这些，比如元杂剧《冻苏秦衣锦还乡》、明传奇《金印记》、《合纵记》等。

② 良马六之：出自《诗经·鄘风·干旄》："孑孑干旄，在浚之城。素丝祝之，良马六之。彼姝者子，何以告之？""六"在这里与"祝"和"告"押韵。无衣六兮：出自《诗经·唐风·无衣》："岂曰无衣六兮？不如子之衣，安且燠兮！"这里的"六"和"燠"押韵。

③ 叶（xié）：叶韵，押韵。

④ 陌：指平水韵的入声十一陌部。质：指入声中的四质部。

【译文】

古人四声都具备，像"六"、"国"这两个字都是入声。如今戏园演跟苏秦有关的戏，必定把"六"读成"溜"，把"国"读成"鬼"，从来没有读成入声的。然而从《诗经》中考证这两个字，如"良马六之"、"无衣六兮"等句子，都不与去声押韵，而是和"祝"、"告"、"燠"押韵；"国"字都不与上声押韵，而是押入"陌"、"质"韵部。这说明古时候的人似乎也有入声，未必都把"六"读成"溜"，把"国"读成"鬼"。

弟木山说：戏园演苏秦戏，原本没有都把"六国"读成"溜鬼"。大概是以曲调来分别的。假如戏是南曲，那么就仍然读入声。

第一九二则

闲人之砚，固欲其佳，而忙人之砚，尤不可不佳；娱情之妾，固欲其美,而广嗣之妾①,亦不可不美。

江含徵曰:砚美下墨,可也;妾美招妒,奈何?

张竹坡曰:妒在妾,不在美。

【注释】

① 广嗣(sì):指多生育子嗣。《汉书·杜钦传》:"礼,壹娶九女,所以极阳数,广嗣重祖也。"

【译文】

悠闲之人的砚台固然要精美,而忙碌之人的砚台更是不能不精美;娱悦性情的妾固然要美丽,而娶来生育后代的妾也不能不美丽。

江含徵曰:砚台精美宜于使用,是可以的;侍妾美貌会招致妒忌,该怎么办呢?

张竹坡曰:被妒忌是因为侍妾的身份,不是因为容貌美丽。

【点评】

这一则是从日用与人生的实用性出发的,前半句论物,后半句谈人,说的都是一己心得,也流露出张潮在看待男女关系时的一丝市侩庸俗态度。

第一九三则

如何是独乐乐?曰鼓琴;如何是与人乐乐?曰弈棋;如何是与众乐乐?曰马吊①。

蔡铉升曰②:独乐乐,与人乐乐,孰乐?曰"不若与人";与少乐乐,与众乐乐,孰乐?曰"不若与少"。

王丹麓曰:我与蔡君异,独畏人为鬼阵③,见则必乱其局而后已。

【注释】

① 马吊:亦作"马弔",是一种古代的赌博游戏,始于明代中叶。因为是合四十叶纸牌而成,故又称"叶子戏"。纸牌分十字、万字、索子、文钱四门,前两门画《水浒》人像,后两门画线索图形。四人同玩,每人八叶,剩下的放置在中间,出牌的时候以大打小。明代潘之恒有《叶子谱》、冯梦龙有《马吊牌经》。清代顾炎武在《日知录·赌博》中也有关于马吊的记载:"万历之末,太平无事,士大夫无所用心,间有相从赌博者。至天启中,始行马弔之戏,而今之朝士,若江南、山东,几于无人不为此。"

② 蔡铉升:蔡望,字铉升,号甘泉,江苏上元人。康熙三十九(1700)年进士。有《香草堂集》。

③ 鬼阵:旧时围棋的别称。宋代无名氏的《采兰杂志》中有:"吴耽不好棋,见人着,曰:'汝非死将军,奈何辄以鬼阵相攻?'后人因名棋曰'鬼阵'。"

【译文】

什么是独自取乐的方式?是弹琴;什么是与别人共同娱乐?下棋;什么是与大家一起娱乐?打马吊。

蔡铉升说:独自取乐,与跟大家同乐,哪个更快乐?说"不如与大家一起";与少数人同乐,跟与很多人同乐比,哪个更快乐?说"不如与少数人一起快乐"。

王丹麓说：我和蔡先生不同，我只怕别人下棋，见到就必定要扰乱棋局才住手。
【点评】
张潮认为弹琴是一个人独乐的最佳方式，下棋是与他人一同取乐的最佳方式，玩马吊则是一群人共同取乐的最佳方式，不同情况有不同的娱乐方式，张潮将自己的态度也分成几种不同状态，以此来解决生活中的不同问题。

第一九四则

不待教而为善为恶者，胎生也[1]；必待教而后为善为恶者，卵生也[2]；偶因一事之感触而突然为善为恶者，湿生也[3]如周处、戴渊之改过[4]，李怀光反叛之类[5]；前后判若两截[6]，究非一日之故者，化生也[7]如唐玄宗、卫武公之类[8]。

【注释】

① 胎生：四生之一，即由母胎而生，指的是像人类在母胎之内完成身体发育，然后出生的方式。佛教将众生分为胎生、卵生、湿生和化生四大类。《法苑珠林》："故有四生，依壳而生曰卵，含藏而出曰胎，假润而兴曰湿，欻然而现曰化。"此处是以四生来比喻不同类型的人。

② 卵生：指动物由脱离母体的卵孵化出来。鸟类、鱼类、昆虫、爬行类等都是卵生的。

③ 湿生：指动物从湿而生，如蚕、虱之类。此处是指人因某事或

情境所触动而发生变化,由恶转善或从善变恶。

④ 周处:字子隐,东吴吴郡阳羡人,鄱阳太守周鲂之子。周处年少时膂力过人,凶强任侠,为乡里所患,人们把他和南山白额虎、水中蛟龙并称为"三害",周处被认为是其中为害最大的,后来他在陆云的劝诫下改过自新,立志向学。吴亡后,周处仕晋,刚正不阿,得罪权贵,被派往西北讨伐氐羌叛变,力战而死。后被追赠"平西将军"。他著有《默语》和《风土记》,还曾撰写吴国历史。关于他改过的故事,详见《世说新语·自新》。戴渊:字若思,广陵人。东晋时官至征西将军,王敦之乱时因遭其忌惮而被害。王敦之乱平定后,戴渊被追赠右光禄大夫、仪同三司。谥曰简侯。戴渊年轻的时候好游侠,不注重品行。常在长江、淮河一带打劫商旅辎重。一次恰好遇到前往洛阳的陆机,戴渊见陆机船装甚盛,便与同党趁机劫掠。陆机见戴渊在岸上指挥得头头是道,认为他才能非凡,于是在船屋上向戴渊高呼:"卿才器如此,乃复作劫耶?"戴渊听了他的话有所感悟,泪流满面,于是便扔掉剑投靠了陆机。陆机亦十分欣赏戴渊,不仅和他结交,而且还举荐他做官。事见《世说新语·自新》。

⑤ 李怀光:唐朝将领,渤海靺鞨人,本姓茹,其先徙幽州,以战功赐姓李氏。历任检校刑部尚书,宁、庆、邠宁节度使、朔方节度使,管辖灵州。建中四年(783),泾原兵变,唐德宗出逃奉天。随后,朱泚自称大秦皇帝,进攻奉天。唐德宗向魏县行营的唐军告急。怀光和神策军统帅李晟率领兵马前来支援。李怀光因为功高遭卢杞所忌,不让入朝。为了表示对他的信任,德宗

加封李怀光为太尉,并赐铁券。结果,李怀光却将铁券扔在地上说:"圣人疑怀光邪?人臣反,赐铁券,怀光不反,今赐铁券,是使之反也!"于是领兵反叛。

⑥ 判若两截:指同一个人前后言行变化极大。

⑦ 化生:本来指无所依托,借业力而忽然出现者,如诸天神、饿鬼及地狱中的受苦者。此处是指人自己发生变化,前后判若两人。

⑧ 唐玄宗:李隆基,又称唐明皇。玄宗在位四十多年,前期任用姚崇、宋璟为相,励精图治,开创了"开元之治"的盛世局面。后来由于信任李林甫、杨国忠,重用安禄山等人,纵情享乐,怠于政事,最终招致了长达八年的安史之乱,使得唐朝由盛转衰。卫武公:春秋时卫国君主,名姬和,他杀兄共伯而立,在卫侯位五十五年,施行良政,使得人民安居乐业。武公四十二年(前771),犬戎杀周幽王,他协助周平王平犬戎有功,因此被周平王命为公。

【译文】

不必等待教导才做好事或做坏事的,属于胎生;必须等待教导然后才做好事或做坏事的,属于卵生;偶然因为一件事触动而忽然做好事或坏事的,属于湿生像周处、戴渊的改过自新,李怀光造反叛乱之类的;前后判若两人,推究起来又并非因为短期原因的,属于化生比如唐玄宗、卫武公这种。

【点评】

作者借佛教概念,来区分不同的人,认为有"不待教而为善为恶者",这是天生的,本性如此,可算作胎生。有"必待教而后为善为恶者",这种是可以后天人或环境影响所导致的,可以算作是卵生。有"偶因一事之感触而突然为善为恶者",这种是偶然的际遇造成的,难以预料,不可捉摸,可以算作是湿生。有"前后判若两截,究非一日之故者",是指人的行为性情突然发生巨大转变,但是细想起来又早有端倪,这种可算是化生。

第一九五则

凡物皆以形用①,其以神用者②,则镜也,符印也③,日晷也④,指南针也。

袁中江曰:凡人皆以形用,其以神用者,圣贤也、仙也、佛也。

黄虞外士曰:凡物之用皆形,而其所以然者,神也。镜凸凹而易其肥瘦,符印以专一而主其神机,日晷以恰当而定准则,指南以灵动而活其针缝⑤。是皆神而明之,存乎人矣。

【注释】

① 以形用:靠自己的外形式样而被使用。
② 以神用:靠自己的内在实质而被使用。
③ 符印:符节印信等凭证物的统称。《新唐书·百官志一》:"礼部郎中,员外郎,掌礼乐、学校、衣冠、符印、表疏、图书、册命、祥瑞、铺设,及百官、官人丧葬赠赙之数,为尚书侍郎之贰。"
④ 日晷(guǐ):古代测日影以定时刻的仪器,由晷盘和晷针组成。
⑤ 活其针缝:不将指针固定住。

【译文】

　　一般的器物都是因为外形式样而被使用,凭借自己的内在实质被使用的,便是镜子、符节印信、日晷、指南针。

　　袁中江说:普通人都是因外形而用的,凭借实质精神用的,是圣贤之人、神仙、佛。

　　黄虞外士说:所有物品被使用的都是其外在形式,然而之所以这样,是因为内在实质。镜子的凹与凸会改变影像的胖瘦,符节印信是因为专一而有其奇异禀赋,日晷因为要恰当其时而确定了它的运行准则,指南针是因为它的灵活而不将其指针固定住。这些事物的奥秘要真正明白,就在于各人的领会了。

【点评】

　　张潮善于观察生活,这一则说的便是这样一种观察心得:事物大部分都是因为其外形而被使用,只有镜子、符印、日晷和指南针是因为自己的特性而被使用。镜子照人影,符印可以作为凭证,日晷能测定时间,指南针可以明确方位,这些功能都是由它们的性质决定的。这个话题如果延展下去,便是一个颇有意思的科技问题了。

第一九六则

　　才子遇才子,每有怜才之心;美人遇美人,必无惜美之意。我愿来世托生为绝代佳人,一反其局而后快。

　　陈鹤山曰:谚云①:"鲍老当筵笑郭郎②,笑他舞袖太郎当③。若教鲍老当筵舞,转更郎当舞袖长。"则为之奈何?

郑藩修曰：俟心斋来世为佳人时再议。

余湘客曰：古亦有"我见犹怜"者④。

倪永清曰：再来时不可忘却。

【注释】

① 谚云：此处引用其实是宋代诗人杨亿的《咏傀儡》诗，并非谚语。
② 鲍老：宋代戏剧中的角色。郭郎：木偶。
③ 郎当：衣服宽大不合身。
④ 我见犹怜：我见了她尚且觉得可爱。形容女子容貌美丽动人。犹，尚且。怜，爱。

【译文】

才子见到才子，常有相互欣赏的心思；美人见到美人，就绝没有相互怜惜的情意。我愿意来世投胎变成绝代佳人，一改美人间的这种情形而后快。

陈鹤山说：谚语说："鲍老在筵席前笑话郭郎，嘲笑他的舞袖太过宽大不合体。若是让鲍老当筵起舞，那么他的舞袖反而比郭郎的更为宽大不合体。"那又怎么办呢？

郑藩修说：等到心斋来世变成美人时再讨论。

余湘客说：古时候也有"我见犹怜"的故事。

倪永清说：心斋再转世的时候不要忘记了。

【点评】

其实美人与美人之间不仅有竞争与嫉妒，也有怜惜和爱慕，《世说新语》中就有一则"我见犹怜"的故事。东晋大将桓温讨平蜀国后，纳了成汉皇帝李势的妹妹为妾。他的妻子是晋明帝之女南康长公主,非常凶悍妒忌,当时还不知道这件事。等后来知道了,就带着刀到李氏的住所,想杀了她。她看到李女在窗前梳头,姿色容貌端庄美丽,缓缓将头发束起,然后合拢两手,面对着公主,神色娴雅端庄,说的话也很哀怨婉转。公主于是丢下刀上前抱住她说:"你啊,我见了你尚且觉得可爱,更何况那老家伙桓温呢!"于是便待李氏很好。

第一九七则

予尝欲建一无遮大会①,一祭历代才子,一祭历代佳人。俟遇有真正高僧,即当为之。

顾天石曰:君若果有此盛举,请迟至二三十年之后,则我亦可以拜领盛情也。

释中洲曰:我是真正高僧,请即为之,何如?不然,则此二种沉魂滞魄②,何日而得解脱耶?

江含徵曰:折柬虽具,而未有定期,则才子佳人亦复怨声载道③。又曰:我恐非才子而冒为才子,非佳人而冒为佳人,虽有十万八千母陀罗臂④,亦不能具香厨法膳也⑤。心斋以为然否?

释远峰曰⑥:中洲和尚,不得夺我施主。

【注释】

① 无遮大会:佛教举行的以布施为主要内容的法会,每五年一

次。无遮,指宽容一切,解脱诸恶,不分贵贱、僧俗、智愚、善恶,一律平等看待。《梁书·武帝纪下》:"(中大通元年九月)癸巳,舆驾幸同泰寺,设四部无遮大会,因舍身。公卿以下,以钱一亿万奉赎。"

② 沉魂滞魄:指游荡而无所依归的魂魄。

③ 折柬:即"折简",指书札或信笺。

④ 母陀罗:佛教语,意为印契,指以手结成的各种印形。《楞严经》卷六:"故我能现众多妙容,能说无边秘密神咒,其中或现一首三首……乃至一百八臂,千臂万臂,八万四千母陀罗臂。"亦省作"母陀"。

⑤ 香厨:即"香积厨",僧家的厨房。

⑥ 释远峰:不详。

【译文】

　　我曾经打算举行一次盛大的布施法会,一方面祭奠历代才子,一方面祭奠历代佳人。等我遇上真正的高僧,就要着手举办。

　　顾天石说:您若是果真要办这样盛大的仪式,请延迟到二三十年之后,那么我就也能够拜领您的盛情了。

　　释中洲说:我是真正的有道高僧,请即刻着手举办,怎么样?不然,这两种沉沦阴间的魂魄,什么时候才能够得到解脱呢?

　　江含徵说:请客的书柬虽然已经备下,然而却没有确定的日期,那么那些才子佳人们也会心怀不满。又说:我只怕到时候不是才子的人却冒充才子,不是佳人却冒充佳人前来,即使是有十万八千的母陀罗臂,也不能备足够的僧厨法膳。心斋认为对吗?

　　释远峰说:中洲和尚,不要抢夺我的施主。

【点评】

　　无遮大会是以布施为中心的佛教法会，张潮想要祭奠所有才子佳人，其情不可谓不真，其心不可谓不诚，只是后一句说要等真正的有道高僧来施行，则未免将善举拖入了遥遥无期的将来。

第一九八则

　　圣贤者，天地之替身。
　　石天外曰：此语大有功名教①，敢不伏地拜倒。
　　张竹坡曰：圣贤者，乾坤之帮手。

【注释】

　　① 名教：指以正名定分为主的封建礼教。晋代袁宏《后汉纪·献帝纪》："夫君臣父子，名教之本也。"

【译文】

　　圣人贤士，是天地的化身。
　　石天外说：这句话对儒家大有功劳，怎么敢不伏到地上行礼。
　　张竹坡说：圣人贤士，是天地的帮手。

【点评】

　　儒家圣贤之所以异于凡人，在于能够对各种标准和要求身体力行，为世人树立立身处世的准则，能够通过著述、讲学传播自己的学问，解决人生的问题。关于这一点，宋代张载说得很好："为天地立心，为生民立命，为往圣继绝学，为万世开太平"，能够做到这样，才算是天地之替身。

第一九九则

天极不难做,只须生仁人君子有才德者二三十人足矣。君一、相一、冢宰一①,及诸路总制、抚军是也②。

黄九烟曰:吴歌有云:"做天切莫做四月天③。"可见天亦有难做之时。

江含徵曰:天若好做,又不须女娲氏补之。

尤谨庸曰:天不做天,只是做梦,奈何,奈何!

倪永清曰:天若都生善人,君相皆当袖手,便可无为而治。

陆云士曰:极诞极奇之话,极真极确之话。

【注释】

① 冢(zhǒng)宰:吏部尚书。《明史·职官志一》:"(吏部)尚书掌天下官吏选授、封勋、考课之政令,以甄别人才,赞天子治。盖古冢宰之职,视五部为特重。"

② 路:宋元时的行政区域名称。此处应指省。总制:官名,即总督,明清时的地方最高长官,治一省或数省。明武宗曾自称"总督军务",臣下避之,于是改总督为总制。明世宗嘉靖十九年(1540)避"制"字,又改总制为总督。抚军:官名。明清时巡抚的别称。

③ 做天切莫做四月天:民谚,表示左右为难。"做天难做四月天,蚕要温和麦要寒。卖菜哥哥要落雨,采桑娘子要晴干。"

【译文】

　　上天并不难做,只要降生二三十个仁者、君子和有才华、有德行的人就够了。一个做国君,一个为丞相,一个为吏部尚书,其余的为各省总督和巡抚。

　　黄九烟说:吴地的民歌里说:"做天切莫做四月天。"可见上天也有极为难做的时候。

　　江含徵说:上天要是好做的话,就不用女娲氏补天了。

　　尤谨庸说:上天不做上天应做之事,只是做梦,有什么办法,有什么办法!

　　倪永清说:上天若是都降生好人,那君王和宰相就都可以无所事事,天下便可以无为而治了。

　　陆云士说:极为荒诞奇怪的话,又是极为真实确切的话。

【点评】

　　这一则与前一则一脉相承,表达的是对儒家贤人的仰慕和信赖。张潮认为上天并不难做,只要按照儒家的标准,降下二三十个仁者、君子和有才华、有德行的人就够了,由他们代替上天来进行统治,正是"天地之替身"的具体化。这样的想象也暗示了张潮对政治的认识:昏庸的君主和贪婪腐败的大臣才是政治黑暗的主要根源。

第二〇〇则

　　掷升官图①,所重在德,所忌在赃;何一登仕版②,辄与之相反耶?

江含徵曰：所重在德，不过是要赢几文钱耳。

沈契掌曰：仕版原与纸版不同。

【注释】

① 掷升官图：掷，玩升官图需要掷骰子，所以叫掷升官图。升官图，旧时的一种赌博游戏。纸上画京外文武大小官位，以骰子掷之。以第一掷为进身之始，其后计点数彩色，以定升降。以四为德，以六为才，以二、三、五为功，以幺为赃，遇德则超迁，才次之，功亦升转，遇幺则降罚。此法古称彩选格，宋时又称选官图。清代赵翼在《陔余丛考·升官图》中载："世俗局戏有升官图，开列大小官位于纸上，以明琼掷之，计点数之多寡，以定升降。"

② 一登仕版：一旦开始当官。仕版，旧指记载官吏名籍的簿册，亦借指仕途，官场。宋代苏舜钦有《应制科上省使叶道卿书》："某为性本迂拙，不喜事人事，名虽在仕版，而未尝数当涂之门，窃服于道二十年矣！"

【译文】

玩升官图时，所看重的是道德，所忌讳的是贪赃；为什么一旦开始做官，就跟这些相反呢？

江含徵说：所看重的是道德，不过是为了要赢几文钱罢了。

沈契掌说：记录官员姓名的仕版原本就不同于玩游戏的纸版。

【点评】

"掷升官图"是古代的一种游戏，其晋升标准是按照传统道德而设立的，只有坚守道德要求才能做到高官。张潮的疑惑之处在于为什么玩升官图的时候大家能够严守道德,一旦真正做起官来就把这一切全都抛在脑后。其实,他忽略了最根本的一点——玩游戏的时候没有利益交涉,真正做官时,却是眼前有利忘缩手。

第二〇一则

　　动物中有三教焉①:蛟、龙、麟、凤之属,近于儒者也;猿、狐、鹤、鹿之属,近于仙者也②;狮子、牯牛之类③,近于释者也④。植物中有三教焉:竹、梧、兰、蕙之属,近于儒者也;蟠桃、老桂之属,近于仙者也;莲花、薝蔔之属⑤,近于释者也。

　　顾天石曰:请高唱《西厢》一句⑥,"一个通彻三教九流"⑦。

　　石天外曰:众人碌碌,动物中蜉蝣而已⑧;世人峥嵘⑨,植物中荆棘而已。

【注释】

① 三教:指儒、道、佛。

② 仙:指道教。

③ 牯(gǔ)牛:阉割过的公牛。

④ 释:指佛教。

⑤ 薝蔔(zhān bǔ):梵语音译,又译作瞻卜伽、旃波迦、瞻波等,意译为郁金花。

⑥《西厢》:指元代剧作家王实甫的《西厢记》,该杂剧取材于唐代诗人元稹所写的传奇《会真记》(又名《莺莺传》),讲

述了张生和崔莺莺的恋爱故事,被称为元杂剧的压卷之作。

⑦一个通彻三教九流:一个通晓宗教和学术上的各种流派,本指张生学问广博,此处用来赞美张潮知识丰富。出自《西厢记》第四本第二折:"一个通彻三教九流,一个晓尽描鸾刺绣。"

⑧蜉蝣(fú yóu):虫名。幼虫生活在水中,成虫褐绿色,有四翅,生存期极短。比喻微小的生命。

⑨峥嵘(zhēng róng):卓越,不平凡。

【译文】

动物中也有三教:蛟、龙、麒麟、凤凰之类,近于儒家;猿、狐、鹤、鹿之类,近于道教;狮子、牯牛之类,近于佛教。植物中也有三教:竹子、梧桐、兰花、蕙草之类,近于儒家;蟠桃、老桂之类,近于道教;莲花、薝葡之类,近于佛教。

顾天石说:请高声唱《西厢记》中的一句,"一个是通晓各种宗教和学术流派的人"。

石天外说:大部分世人庸俗无为,不过是动物中的蜉蝣罢了;世人中的卓越者,不过是植物中长刺的荆棘罢了。

【点评】

动植物中不光有人伦,还有三教。张潮对动物的这些比喻和认识,都和他们的形象或用途有关。蛟、龙、麒麟、凤凰都是儒家典籍中的祥瑞之物,所以张潮认为他们近于儒家。猿、狐、鹤、鹿,大都生活在山林之中,道教的歌谣或书籍中经常有所提及,所以是近于道教。狮子在佛教意象中常见,牯牛没有欲望,所以近似佛家。植物当中的竹子、梧桐、兰花之类,高雅脱俗,所以张潮用来比儒者。蟠桃及老桂在传说中都是天上所有,故而张潮认为他们近于道教。而莲花、薝葡之类也是佛教中常用意象。

第二〇二则

　　佛氏云"日月在须弥山腰"①，果尔②，则日月必是绕山横行而后可；苟有升有降，必为山巅所碍矣。又云："地上有阿耨达池③，其水四出，流入诸印度。"又云："地轮之下为水轮，水轮之下为风轮，风轮之下为空轮。"余谓此皆喻言人身也：须弥山喻人首，日月喻两目，池水四出喻血脉流通，地轮喻此身，水为便溺，风为泄气④，此下则无物矣。

　　释远峰曰：却被此公道破。

　　毕右万曰：乾坤交后，有三股大气，一呼吸、二盘旋、三升降。呼吸之气，在八卦为震巽，在天地为风雷、为海潮，在人身为鼻息。盘旋之气，在八卦为坎离，在天地为日月，在人身为两目，为指尖、发顶罗纹，在草木为树节、蕉心。升降之气，在八卦为艮兑，在天地为山泽，在人身为髓液便溺，为头颅肚腹，在草木为花叶之萌凋，为树梢之向天、树根之入地。知此，而寓言之出于二氏者，皆可类推而悟。

【注释】

　　① 须弥山：佛教语，或译为须弥楼、修迷卢、苏迷卢等。有"妙高"、"妙光"、"安明"、"善积"等义。原为古印度神话中的山名，后为佛教所采用，指一个小世界的中心。山顶为帝释天所

居,山腰为四天王所居,四周有七山八海、四大部洲。《释氏要览·界趣》:"《长阿含》并《起世因本经》等云:四洲地心,即须弥山。此山有八山绕外,有大铁围山,周回围绕,并一日月昼夜回转照四天下。"

② 果尔:果真如此。

③ 阿耨(nòu)达池:梵语音译,意译为"无热恼"。唐代称为无热恼池,在古印度北,大雪山北香山南,二山之中。唐玄奘《〈大唐西域记〉序》中作"阿那婆答多池"。

④ 泄气:指放屁。

【译文】

佛家说:"日月在须弥山腰。"果真这样,日月一定是绕着山水平运行才可以;如果有升有降,一定会被山顶所阻挡。佛家又说:"地上有阿耨达池,池水向四周蔓延,流入印度各地。"又说:"地轮的下面是水轮,水轮的下面是风轮,风轮的下面是空轮。"我认为这些都是在譬喻人的身体:须弥山比喻人的头,日月比喻两只眼睛,池水到处蔓延比喻血脉流动循环,地轮比喻人的身体,水轮比喻屎尿,风轮比喻放屁,这以下便什么都没有了。

释远峰说:却被这位先生说破了。

毕右万说:天地相交之后,有三股大气,一是呼吸之气、二是盘旋之气、三是升降之气。呼吸之气,在八卦中为震巽,在天地间就是风雷、是大海的浪潮,在人身体中就是鼻子呼吸时的气息。盘旋之气,在八卦中为坎离,在天地中就是太阳、月亮,在人身体中就是两个眼睛,是手指尖和头顶的螺旋纹,在植物中就是树木分枝长叶的地方、是芭蕉的茎心。升降之气,在八卦为艮兑,在天地中是山泽,在人身体中为精髓体液屎尿,是头颅和肚腹,在草木之中为花与叶的生发和凋谢,使树梢向天生长、树根向地下延伸。知道这些,佛教和道教中的寓言,都能以此类推而明白。

【点评】

　　佛教典籍道理深奥、复杂难解,为了帮助传播和理解,大量使用通俗故事和譬喻,此处就是以譬喻来说佛理。张潮将难以理解和想象的东西比喻成常见可感的内容,既生动又相宜,方便理解与传播。

第二○三则

　　苏东坡和陶诗尚遗数十首①。予尝欲集坡句以补之,苦于韵之弗备而止。如《责子》诗中"不识六与七"、"但觅梨与栗"②,"七"字、"栗"字,皆无其韵也。

【注释】

① 和陶诗:苏轼晚年诗歌风格趋于平淡,曾用陶渊明诗韵和作百余首。
② 《责子》:陶渊明的诗,诗中分别写了五个孩子行状。"白发被两鬓,肌肤不复实。虽有五男儿,总不好纸笔。阿舒已二八,懒惰故无匹。阿宣行志学,而不爱文术。雍端年十三,不识六与七。通子垂九龄,但觅梨与栗。天运苟如此,且进杯中物。"

【译文】

苏东坡和陶渊明的诗还留存了几十首。我曾经想要集苏东坡的诗句来补充它,苦于韵脚不完备中断了。比如《责子》诗中的"不识六与七"、"但觅梨与栗","七"字、"栗"字,都没有可与其押韵的。

【点评】

苏轼对陶渊明十分推崇,曾经和了许多陶渊明的诗,号称是"遍和陶诗",关于创作"和陶诗"的动机,他本人有比较明确的说明,这见于苏辙的《子瞻和陶渊明诗集引》:"古之诗人有拟古之作矣,未有追和古人者也。追和古人,则始于东坡。吾于诗人,无所甚好,独好渊明之诗。渊明作诗不多,然其诗质而实绮,癯而实腴。自曹、刘、鲍、谢、李、杜诸人皆莫及也。吾前后和其诗凡百数十篇,至其得意,自谓不甚愧渊明。今将集而并录之,以遗后之君子。子为我志之。然吾于渊明,岂独好其诗也哉?如其为人,实有感焉……嗟乎!渊明不肯为五斗米一束带见乡里小人,而子瞻出仕三十余年,为狱吏所折困,终不能悛,以陷大难,乃欲以桑榆之末景,自托于渊明,其谁肯信之?……吾今真有此病而不早自知,半生出仕,以犯世患,此所以深服渊明,欲以晚节师范其万一也。"

第二〇四则

予尝偶得句,亦殊可喜,惜无佳对,遂未成诗。其一为"枯叶带虫飞",其一为"乡月大于城",姑存之,以俟异日。

【译文】

我曾经偶然吟得一句诗,也十分可喜,可惜没有好的对句,于是没有写成诗。一句是"枯叶带虫飞",一句是"乡月大于城",姑且将它们记下来,等以后再说。

【点评】

张潮所列的偶得之句都是写眼前实景,于白描之中见奇趣,和他在本书中流露出来的审美趣味是统一的。这种偶然得来的佳句,往往很难想出工整妥帖的对句,所以张潮也只能留待来日了。

第二○五则

"空山无人,水流花开"二句①,极琴心之妙境②;"胜固欣然,败亦可喜"二句③,极手谈之妙境④;"帆随湘转,望衡九面"二句⑤,极泛舟之妙境;"胡然而天,胡然而帝"二句⑥,极美人之妙境。

【注释】

① 空山无人,水流花开:出自苏轼的《十八大阿罗汉颂》:"第九尊者,食已襆钵,持数珠,诵咒而坐。下有童子,构火具茶,又有埋筒注水莲池中者。颂曰:饭食已异,襆钵而坐。童子茗供,吹篝发火。我作佛事,渊乎妙哉。空山无人,水流花开。"

② 琴心:琴声表达的情意。

③ 胜固欣然,败亦可喜:赢了固然很高兴,输了也很喜悦。出自

苏轼《观棋》:"小儿近道,剥啄信指。胜固欣然,败亦可喜。优哉游哉,聊复尔耳。"

④ 手谈:下围棋。《世说新语·巧艺》:"王中郎以围棋是坐隐,支公以围棋为手谈。"

⑤ 帆随湘转,望衡九面:出自《古诗源》中的《湘中渔歌》,意思是船顺着湘江蜿蜒而下,能够九次看到衡山。

⑥ 胡然而天,胡然而帝:出自《诗经·鄘风·君子偕老》:"胡然而天也,胡然而帝也。"形容女子的服饰容貌如同天神,所以文中说此句"极美人之妙境"。

【译文】

"空山无人,水流花开"二句,淋漓尽致地表现了古琴所演奏出的美妙意境;"胜固欣然,败亦可喜"二句,淋漓尽致地写出了下棋所能达到的一种境界;"帆随湘转,望衡九面"二句,淋漓尽致地表现了泛舟的奇妙境界;"胡然而天,胡然而帝"二句,淋漓尽致地写尽了美人的风韵妙处。

【点评】

"空山无人,水流花开"这两句出自苏轼《十八大阿罗汉颂》的第九尊赞语,本意是"即其体像,而穷其思致",张潮此处是单用了这两句诗的表面意象。这两句诗的意境虚空淡泊、飘逸出尘,所以张潮认为是写出了弹琴者的一片素心。

"胜固欣然,败亦可喜"两句,出自苏轼的四言诗《观棋》,张潮认为写出了下棋所能达到的最高境界,因为不执著于输赢,所以能够悠然自得,得从容之趣。其实在这首诗之前还有一个小序,苏轼在序中说自己"素不解棋",而是"闻棋声于古松流水之间",也许正是因为不懂下棋,才能体会输赢之外的乐趣。

第二〇六则

镜与水之影,所受者也①;日与灯之影,所施者也②。月之有影,则在天者为受,而在地者为施也。

郑破水曰:受、施二字,深得阴阳之理。

庞天池曰:幽梦之影,在心斋为施,在笔奴为受。

【注释】

① 受:被动承受。
② 施:主动施行。

【译文】

镜中与水里的影像,是被动承受而来的;太阳与灯光的影子,是主动施与造成的。月亮的影子,在天上是月亮被动承受而来的,月光照在大地上的影子却是主动施与造成的。

郑破水说:受、施二字,深得阴阳学说的义理。

庞天池说:幽梦的影子,在心斋是主动施与,在我庞笔奴则是被动承受。

【点评】

张潮认为事物的主体和影子之间存在施与受的关系,镜子和水里的影子是由被动承受得来的,而太阳与灯光的影子则是因为主动笼罩到物体上才产生的。至于月亮的影子则需要分情况讨论,在天上的月影是被动承受太阳的光芒而来,在地上的影子则是由于它主动撒布清辉。

第二〇七则

水之为声有四:有瀑布声,有流泉声,有滩声,有沟浍声①。风之为声有三:有松涛声,有秋叶声,有波浪声。雨之为声有二:有梧叶、荷叶上声②,有承檐溜竹筒中声③。

弟木山说:数声之中,惟水声最为可厌,以其无已时,甚聒人耳也④。

【注释】

① 沟浍(huì):泛指田间水道。浍,田间水渠。《孟子·离娄下》:"苟为无本,七八月之间雨集,沟浍皆盈;其涸也,可立而待也。"

② 梧叶、荷叶上声:指雨点落在梧桐叶与荷叶上的声音。如白居易《长恨歌》:"春风桃李花开日,秋雨梧桐叶落时。"李商隐《宿骆氏亭寄怀崔雍崔衮》:"秋阴不散霜飞晚,留得枯荷听雨声。"

③ 承檐:屋檐下承接雨水的槽。一般为竹制或木制。

④ 聒(guō):声音吵闹,使人厌烦。

【译文】

水产生的动听声音有四种:瀑布的飞泻声,流泉的潺潺声,滩流的撞击声,沟渠的流泻声。风产生的动听声音有三种:松涛的起伏声,秋叶的飒飒声,波浪的翻涌声。雨所产生的动听声音有两种:打在梧桐叶、荷叶上的淅沥声,屋檐下的水落入竹筒中的滴答声。

弟木山说:这些声音之中,只有水声最令人厌恶,因为它没有停止的时候,非常吵人耳朵。

第二〇八则

文人每好鄙薄富人,然于诗文之佳者,又往往以金玉、珠玑、锦绣誉之①,则又何也?

陈鹤山曰:犹之富贵家张山膴野老落木荒村之画耳②。

江含徵曰:富人嫌其悭且俗耳,非嫌其珠玉文绣也。

张竹坡曰:不文,虽富可鄙;能文,虽穷可敬。

陆云士曰:竹坡之言是真公道说话。

李若金曰:富人之可鄙者在吝,或不好史书,或畏交游,或趋炎热而轻忽寒士③。若非然者,则富翁大有裨益人处④,何可少之?

【注释】

① 珠玑(jī):珠宝,珠玉,古人常用来比喻优美的诗文或词藻。
② 张:悬挂。山膴野老:指村野老人。梁代丘迟《旦发渔浦潭》诗:"村童忽相聚,野老时一望。"落木荒村:落叶萧萧、偏僻荒凉的村落。此处指描绘孤清萧索景象的画。
③ 趋炎热:比喻趋附权势。轻忽寒士:轻视贫苦的读书人。寒士,贫苦寒微的读书人。

④ 裨(bì)益：补益，益处。

【译文】

　　文人常爱鄙视富人，然而对于好的诗文，又往往用金玉、珠玑、锦绣来赞誉，这又是什么原因呢？

　　陈鹤山说：就好像富贵人家悬挂山村野老的山村落叶之画罢了。

　　江含徵说：对于富人只是嫌弃他们吝啬又俗气罢了，并不是讨厌他的珠玉、锦绣。

　　张竹坡说：不尚文辞，虽然富有也令人鄙视；长于写文章，即使贫穷也值得尊敬。

　　陆云士说：竹坡这所说的真是公道话。

　　李若金说：富人的可鄙之处在于吝啬，或者不爱好读史籍，或者害怕结交朋友，或是巴结有权势的人而轻视贫苦的读书人。若不是这样的话，那么有钱人对人大有益处，怎么能少得了呢？

第二〇九则

　　能闲世人之所忙者，方能忙世人之所闲。

【译文】

　　能够闲视世俗人所忙碌之事的人，才能忙碌于世俗人所摒弃之事。

【点评】

　　天下熙熙，皆为利来，张潮认为世人所忙碌的无非是名利之事，而只有对名利淡然视之的人,才能在名利之外获得世人无法企及的乐趣。他的忙与闲都与世人颠倒过来,闲的乐趣,他体会得也比旁人更深,就像前文所说:"人莫乐于闲,非无所事事之谓也。闲则能读书,闲则能游名胜,闲则能交益友,闲则能饮酒,闲则能著书。天下之乐,孰大于是?"(第九六则)

第二一〇则

先读经,后读史,则论事不谬于圣贤;既读史,复读经,则观书不徒为章句①。

黄交三曰:宋儒语录中不可多得之句。

陆云士曰:先儒著书法累牍连章②,不若心斋数言道尽。

王宓草曰:妄论经史者,还宜退而读经。

【注释】

① 章句:剖章析句,是经学家解说经义的一种方式,亦泛指书籍注释。
② 累牍连章:形容文章篇幅长,文字多。牍,古代写字用的竹、木简。

【译文】

先读经书,后读史书,那么再议论事情时便不会背离圣贤之道;已经阅读了史书,再去阅读经书,那么读书时就不会仅仅拘泥于字句的解释。

黄交三说:这是宋代儒家学者语录中都非常难得见到的语句。

陆云士说:先世的儒者用大量的文字和篇幅写读书之法,不如心斋几句话就说透彻了。

王宓草说:随便谈论经籍史书的人,还是应该回去读儒家经书。

【点评】

经书中包含的都是圣贤的教诲,是儒家的各种准则和要求,先读经书,就能够确立起正确的价值观和是非之心,然后再去读史书,对其内容的理解就不会偏离儒家之道。而熟读了史书中的世代变异和史实,再来看经书,就能够从整体上把握内容,分得清主次不同,不会只拘泥于对字句的注解。张潮说的是从不同角度读书,以不同书籍共同促进理解的方法。

第二一一则

居城市中,当以画幅当山水,以盆景当苑囿①,以书籍当朋友。

周星远曰:究是心斋,偏重独乐乐。

王司直曰:心斋先生置身于画中矣。

【注释】

① 苑囿:本指古代畜养禽兽供帝王玩乐的园林,此处泛指园林。

【译文】

居处在城市中,应当把图画当作自然中的山水,把盆景当作园林,把书籍当作朋友。

周星远说：推究这位心斋先生，偏爱独处的乐趣。

王司直说：心斋先生置身于图画之中了。

【点评】

陶渊明在《饮酒》诗中讲"心远地自偏"，张潮说的内容也与此相似。明清之际社会繁荣，生活在经济发达的扬州城，难免令人对环境的嘈杂和鄙俗感到痛苦，渴望亲近山林、自由自在地生活。这种愿望难以实现，张潮便鼓励大家从"心"出发，以改变心境来适应环境。如此一来，情绪和心灵便都获得舒展，如在山林之中，如与良朋相对。

第二一二则

乡居须得良朋始佳，若田夫樵子，仅能辨五谷而测晴雨，久且数未免生厌矣。而友之中又当以能诗为第一，能谈次之，能画次之，能歌又次之，解觞政者又次之[①]。

江含徵曰：说鬼话者又次之[②]。

殷日戒曰：奔走于富贵之门者，自应以善说鬼话为第一，而诸客次之。

倪永清曰：能诗者必能说鬼话。

陆云士曰：三说递进，愈转愈妙，滑稽之雄[③]。

【注释】

① 觞（shāng）政：酒令。汉代刘向《说苑·善说》中有："魏文侯

与大夫饮酒,使公乘不仁为觞政。"觞,古代的一种盛酒器。
② 鬼话:此处是讲鬼故事,下文指的是编造不真实的谎话。
③ 滑稽:能言善辩,言辞流利。后指言语、动作或事态令人发笑。
雄:为首者,居前列。

【译文】

在乡村居住必须得有好的朋友才好,如果交往的是农人、樵夫,他们仅仅能够分辨五谷、预测天气是晴还是下雨,时间长了总是这样就难免令人心生厌倦。而朋友之中又以能够写诗的人为第一,善于清谈的人略逊色一些,会画画的人再逊色一些,善于唱歌的人又略差一些,懂得饮酒行令的人又再差一些。

江含徵说:能讲鬼故事的人又次之。

殷日戒说:奔波于富贵之家,自然应当以善于编造谎言为第一,而其他各种门客为次一等。

倪永清说:能写诗的人必然能够讲虚构的话。

陆云士说:前面三种说法层层递进,越转折越妙,真是能言善辩。

【点评】

文人经常渴望乡居生活,有无数诗文来赞美乡下的生活状态。张潮对乡居也表达了自己的态度和要求——得良朋始佳。在他的心中,像古人那样与村夫做朋友是不够的,整天只谈农事与天气时令,久了就令人心烦,至于像辛弃疾那样"却将万字平戎策,换得东家种树书",更是他所不能接受的。从他列举的朋友来看,张潮最重视的是雅与趣,然后是热闹。从这一则中既可以看出张潮对乡居生活浅薄的喜爱,也可以看出他对自己价值观的理性认识。虽然难逃"叶公好龙"之讥,但却坦诚直率。

第二一三则

玉兰,花中之伯夷也_{高而且洁}①;葵,花中之伊尹也_{倾心向日}②;莲,花中之柳下惠也_{污泥不染}③。鹤,鸟中之伯夷也_{仙品};鸡,鸟中之伊尹也_{司晨}④;莺,鸟中之柳下惠也_{求友}⑤。

【注释】

① 高而且洁:高尚纯洁。
② 倾心:尽心,全心。此处指向日葵一心朝向太阳。
③ 柳下惠:即春秋时鲁大夫展禽,因食邑柳下(地名),谥惠,故名柳下惠,是著名的高洁之士。
④ 司晨:打鸣报晓,这里比喻早起勤政,忠于职守。
⑤ 求友:寻求朋友。鸟鸣求友,出自《诗经·小雅·伐木》:"伐木丁丁,鸟鸣嘤嘤。出自幽谷,迁于乔木。嘤其鸣矣,求其友声。"

【译文】

玉兰,是花中的伯夷_{清高而纯洁};葵花,是花中的伊尹_{忠心耿耿向着太阳};莲花,是花中的柳下惠_{出淤泥而不染}。鹤,是禽鸟中的伯夷_{仙风道骨};鸡,是禽鸟中的伊尹_{报晓司晨,尽忠职守};莺,是禽鸟中的柳下惠_{嘤嘤求友}。

【点评】

这一则是将自然界中的美好动植物与古代著名的高洁之士相比,既赋予了它们高洁的节操和品性,也为贤臣高士的德行添了几分美的光彩。

第二一四则

无其罪而虚受恶名者,蠹鱼也①蛀书之虫另是一种,其形如蚕蛹而差小②;有其罪而恒逃清议者③,蜘蛛也。

张竹坡曰:自是老吏断狱④。

李若金曰:予尝有除蛛网说,则讨之未尝无人。

【注释】

① 蠹鱼:又称衣鱼,蛀蚀书籍,体小,有银白色细鳞,尾分二歧,形稍如鱼,故名。其实真正蛀蚀书本的是另外一种虫子,所以此处说蠹鱼虚受恶名。

② 差小:略小一些。差,比较,略微。

③ 恒逃清议:经常逃脱批评。恒,经常。清议,公正的舆论。

④ 老吏断狱:形容有丰富经验的人,判断是非又快又准。老吏,指精于吏事者。

【译文】

没有这种罪过而枉自承担恶名的,是蠹鱼蛀蚀书籍的是另外一种虫子,它的样子像蚕蛹却略小;有某种罪过却总是能逃脱舆论指责的,是蜘蛛。

张竹坡说:这则是老吏断案,又快又准。

李若金说:我曾经有除蛛网说,可见并不是没有人对蜘蛛发动攻击。

【点评】

动物和人类一样,有无罪被冤者,也有犯了过错却总不被发现的,张潮在此列举了蠹鱼和蜘蛛的例子，前半是为蠹鱼翻案，后半则是将蜘蛛定罪。对生活不仅观察细致，说法也新奇有趣。

第二一五则

臭腐化为神奇，酱也，腐乳也①，金汁也②。至神奇化为臭腐，则是物皆然。

袁中江曰：神奇不化臭腐者，黄金也，真诗文也。

王司直曰：曹操、王安石文字③，亦是神奇出于臭腐。

【注释】

① 腐乳：一种食品，用小块的豆腐做坯，经过发酵、腌制而成。
② 金汁：即粪清。明代宋应星的《天工开物·火药料》中记载："毒火以砒、硇沙为君，金汁、银锈、人粪和制。"钟广言注："金汁：即'粪清'，用棉纸过滤后贮藏一年以上的粪汁。"

【译文】

能将腐臭化为神奇的，是酱、腐乳、粪清。至于将神奇化为腐臭，则任何东西都是这样的。

袁中江说：神奇不能化为腐臭的，是黄金，是真正好的诗歌和文章。

王司直说：曹操、王安石的文章，也是神奇出之于腐臭。

第二一六则

　　黑与白交,黑能污白,白不能掩黑;香与臭混,臭能胜香,香不能敌臭。此君子小人相攻之大势也。

　　弟木山曰:人必喜白而恶黑,黜臭而取香①,此又君子必胜小人之理也。理在,又乌论乎势。

　　石天外曰:余尝言于黑处着一些白,人必惊心骇目②,皆知黑处有白;于白处着一些黑,人亦必惊心骇目,以为白处有黑。甚矣,君子之易于形短③,小人之易于见长,此不虞之誉、求全之毁由来也④。读此慨然。

　　倪永清曰:当今以臭攻臭者不少。

【注释】

① 黜(chù)臭:废弃臭物。

② 惊心骇目:指人见到之后内心感到震惊。

③ 形短:相较后显现出短处。

④ 不虞之誉:没有意料到的赞扬。虞,料想。誉,称赞。求全之毁:一心想保全声誉,反而受到毁谤。毁,毁谤。语出《孟子·离娄上》:"有不虞之誉,有求全之毁。"

【译文】

　　黑色与白色相交接,黑色能污染白色,白色却不能遮盖黑色;香味与臭味相混合,臭味能够胜过香味,香味却无法敌得过臭味。这就是高尚君子与肮脏小人相争斗的形势。

弟木山说:人们必然喜欢白的讨厌黑的,摒弃臭味而选取香的,这又是高尚君子必然能战胜肮脏小人的道理。道理在,又说什么形势。

石天外说:我曾经说要是在黑的地方放一点白的,人们看了必定感到震惊,都知道黑的地方有白的;要是在白的地方放一点黑的,人们看了也一定会感到震惊,知道白的地方有黑色。高尚君子实在是太容易显现出短处,肮脏小人实在是太容易于比较中表现出长处,这就是没有意料到的表扬和一心保全荣誉反遭毁谤的由来。读到这里令人感叹。

倪永清说:现如今以臭味攻击臭味的也不少。

【点评】

张潮借黑与白、香与臭相交的状况来比喻"君子小人相攻之大势",白色总被黑色所玷染,香气总被臭气盖过,就好像君子总是敌不过小人。君子之所以落败是因为端方坦荡,容易被小人以卑鄙手段损害。这一则表露出了张潮对社会黑暗的悲观情绪,沉痛而压抑。

第二一七则

"耻"之一字①,所以治君子;"痛"之一字②,所以治小人。

张竹坡曰:若使君子以耻治小人,则有耻且格③;小人以痛报君子,则尽忠报国。

【注释】

① 耻:因声誉受损害而致的内心羞愧之情。

② 痛：因惩罚而遭受的肉体痛苦。

③ 有耻且格：指人有知耻之心，则能自我检点而归于正道。出自《论语·为政》："道之以德，齐之以礼，有耻且格。"

【译文】

"耻"这个字，是用来约束君子的；"痛"这个字，是用来治理小人的。

张竹坡说：要是令君子以耻来治理小人，那么小人就能有知耻之心且能约束自己归于正道；小人用痛这个字来回报君子，君子就能尽忠报效国家。

【点评】

《论语·为政》中说："道之以政，齐之以刑，民免而无耻；道之以德，齐之以礼，有耻且格。"张潮在这里对君子和小人则提出了不同的约束方法，君子知荣辱，所以只要用羞耻与道德来约束他，使其"知耻"便可以达到效果。而小人无羞耻心与荣辱心，单靠道德力量是不足以令其归正的，必须要用惩罚手段使其感到痛苦，才能避免再犯同样的错误。这与《礼记·曲礼上》中的"礼不下庶人，刑不上大夫"态度是一致的。

第二一八则

镜不能自照，衡不能自权①，剑不能自击。

倪永清曰：诗不能自传，文不能自誉。

庞天池曰：美不能自见，恶不能自掩。

【注释】

① 衡不能自权：秤不能称测自身的重量。衡，秤杆，泛指秤。权，本意是秤锤，此处指称测重量。

【译文】

镜子不能反照自己的影像，秤不能自己称量自己的重量，宝剑不能击刺自身。

倪永清说：诗歌不能自己传诵自己，文章不能自己赞誉自己。

庞天池曰：美不能自我显现，恶不能自我掩饰。

【点评】

镜子无法照见自己，秤无法称量自己，剑不能感知自身的锋利，这几个例子说的都是认识的局限。张潮所列举的虽然是事物，但也在暗示人的行为，和它们一样，人也很难对自己有客观理性的认识，因此要多听取他人的意见和声音，以此作为调整自己行为的依据。

第二一九则

古人云①："诗必穷而后工②。"盖穷则语多感慨，易于见长耳。若富贵中人，既不可忧贫叹贱，所谈者不过风云月露而已③，诗安得佳？苟思所变，计惟有出游一法。即以所见之山川、风土、物产、人情，或当疮痍兵燹之余④，或值旱涝灾祲之后⑤，无一不可寓之诗中。借他人之穷愁，以供我之咏叹，则诗亦不必待穷而后工也。

张竹坡说：所以郑监门《流民图》独步千古⑥。

倪永清说：得意之游，不暇作诗；失意之游，不能作诗。苟能以无意游之，则眼光识力，定是不同。

尤悔庵说：世之穷者多而工诗者少，诗亦不任受过也。

【注释】

① 古人：此处指北宋文学家欧阳修，这句话是在他的《梅圣俞诗集序》中说的："予闻世谓诗人少达而多穷，夫岂然哉！……盖愈穷则愈工。然则非诗之能穷人，殆穷者而后工也。"

② 诗必穷而后工：诗必须在诗人困顿以后才会写得好。

③ 风云月露：指绮丽浮靡，吟风弄月的诗文。《隋书·李谔传》："连篇累牍，不出月露之形；积案盈箱，唯是风云之状。"

④ 疮痍（chuāng yí）：创伤，也比喻遭受灾祸后凋敝的景象。兵燹（xiǎn）：因战乱而造成的焚烧、破坏等灾害。

⑤ 旱潦灾祲（jìn）：旱涝等灾害。灾祲，灾异。

⑥ 郑监门：指郑侠，字介夫，号大庆居士、一拂居士，福州福清人。英宗治平四年（1067）进士，调光州司法参军。秩满入京，对王安石言新法不便。久之，监安上门，世称"郑监门"。神宗熙宁七年（1074），久旱不雨，流民扶携塞道，绘《流民图》上之，奏请罢新法，次日，新法罢去者十有八事。吕惠卿执政，又上疏论之，谪汀州编管，徙英州。哲宗立，始得归。元符七年（1104），再贬英州。徽宗立，赦还，复故官，旋又为蔡京所夺，遂不复出。有《西塘集》。

【译文】

古人说："诗只有在诗人穷困潦倒的时候才能写得好。"大概是说诗人在困顿的时候语言中会多于感激与慨叹，容易显现出长处。若是身处富贵的人，既然不能忧愁贫困、慨叹卑微，所能谈论的不过是风云月露罢了，他们的诗怎么能好？假如想要改变这种情况，就只有出游这一个办法。将自己游历时所见到的山川、风土、特产、人情抒写出来；或者是战争祸患之余的萧条景象，或者正好遇上旱灾水灾等自然灾害，没有一样东西不可以写入诗中。这是借着他人的穷困愁苦，来作自己写诗吟咏的题材，如此一来，那么诗也不一定要等到作者穷困交加才能写得好了。

张竹坡说：所以郑监门所作的《流民图》无人能及。

倪永清说：心满意足地游玩，没有空闲作诗；失意落魄地游历，没法作诗。假如能不带得意与失意之心去游玩，那么眼光和见识定然会不一样。

尤悔庵说：世上的贫穷之人很多，但擅长写诗的人很少。

【点评】

张潮除了在本书中表现出来的闲适面貌，也有关心时代与世俗的热心肠，在他的诗中有许多表现民生疾苦的内容。康熙十三年（1674），耿精忠之乱为东南百姓带来了深重的痛苦，年轻的张潮对此感同身受，于是写下了《甲寅感兴》，对家乡人民寄予深切的同情。其一曰："无心何事厄孤穷，避地纷纷西复东。敢谓他邦真乐国，但祈安土免飘蓬。故乡有路多烽燧，知己何人共酒筒。惆怅灯前频剪烛，忍将客泪洒新丰。"其二曰："兵气萧萧入大江，村庄夜静吠惊。思君痛把《离骚》读，哭世难将老梦降。不寐怜予魂耿耿，无家羡尔鸟双双。愁来拟访中山酒，只恐愁多费酒缸。"

这种对民生的关注和对百姓的热心并没有随着阅历的增长而消退，反倒因境遇不顺而更见悲愤。康熙二十四年（1685），因治河方略不当，加上连日大雨，江淮洪涝惨重，百姓流离死伤，张潮于悲愤中写了《苦雨行》一首："天放银河一朝决，倒海倾江半空泻。雷霆风雨撼天来，自夏徂秋不知热。淮扬两郡几陆沉，未识他邦是同别。村庄顷刻汩洪波，老弱差堪饲鱼鳖。撑船入市古有闻，谁料于今我躬阅。城中万户差可存，屋漏无从觅巢穴。嗟予敝庐亦若此，书案频移步倾跌。衣裳湿透无由干，焙燎谁将好香爇。亦有人家水满堂，秸杆手挽宵难辍。墙倾壁仄瓦半颓，圬者洋洋恣饕餮。传闻故乡颇忧旱，豪佃争放陂塘缺。彼此不让挥老拳，头脑伤残面流血。何为旱潦两不齐，无乃斯民理应灭。侏儒饱死方朔饿，我欲问天声久咽。"

跋 一

昔人云:"梅花之影,妙于梅花。"窃意影子何能妙于花?惟花妙,则影亦妙。枝干扶疏①,自尔天然生动。凡一切文字语言,总是才子影子。人妙,则影自妙。此册一行一句,非名言即韵语②,皆从胸次体验而出③,故能发警省。片玉碎金④,俱可宝贵。幽人梦境,读者勿作影响观可矣⑤。

南村张惚识⑥

【注释】

① 扶疏:枝叶繁茂分披的样子。

② 韵语:诗词。

③ 体验:指通过亲身实践所获得的经验。

④ 片玉碎金:比喻文章简短而精美。

⑤ 作影响观:指当成无关紧要的影子、回声看待,形容不重视。

⑥ 张惚(zǒng):即张南村。

【译文】

过去有人说:"梅花的影子,比梅花美妙。"我自己认为影子怎么能够比花还美妙呢?只有花美妙,那么影子才美妙。梅花枝干疏落有致,自然天成有生气。所有的文章语句,都是才子的影子。人高妙,那影子自然高妙。这本书的每一行每一句,不是名言就是诗一样的语句,都是从作者胸中总结和经验中而来的,所以能够令人警觉醒悟。

每一则简短而精美的文章,都值得宝贵。幽人的梦中境界,读者千万不要当成无关紧要的事看待。

　　南村张惣记

跋 二

抱异疾者多奇梦,梦所未到之境,梦所未见之事。以心为君主之官,邪干之①,故如此;此则病也,非梦也。至若梦木撑天②,梦河无水③,则休咎应之④;梦牛尾,梦蕉鹿⑤,则得失应之;此则梦也,非病也。

心斋之《幽梦影》,非病也,非梦也,影也。影者惟何?石火之一敲、电光之一瞥也⑥,东坡所谓"一掉头时生老病,一弹指顷去来今"也。昔人云"芥子具须弥"⑦,心斋则于倏忽备古今也。此因其心闲手闲,故弄墨如此之闲适也。心斋岂长于勘梦者也!然而未可向痴人说也。

寓东淘江之兰跋⑧

【注释】

① 邪:中医指邪气,与人体正气相对而言。泛指各种致病因素及其病理损害。干:触犯。
② 梦木撑天:晋代王敦谋反,曾梦见一木撑天,请许真君解梦,许言"一木撑天为未,不可妄动"。
③ 梦河无水:梦见河中无水,表示"可"。
④ 休咎:吉凶。休,吉庆,美善。咎,灾祸。
⑤ 梦蕉鹿:蕉鹿指蕉叶覆盖下的鹿。梦见蕉鹿则表示有所失。见《列子·周穆王》:"郑人有薪于野者,遇骇鹿,御而击之,毙

之。恐人见之也,遽而藏诸隍中,覆之以蕉,不胜其喜。俄而遗其所藏之处,遂以为梦焉。"

⑥石火:石头撞击时发出的一闪即逝的火花,多用来比喻时间的短暂易逝。电光:比喻时间短暂,犹言一刹那。

⑦芥子具须弥:偌大一个须弥山塞进一粒小小的菜籽之中刚刚合适。形容佛法无边,神通广大。也形容诗文波诡变幻,才思出众。《维摩经·不思议品》:"若菩萨住是解脱者,以须弥之高广,内芥子中,无所增减。"

⑧江之兰:即江含徵。

【译文】

　　患有奇怪病症的人往往有奇异的梦境,梦到从没到过的地方,梦见从没见过的事情。是因为心是人最重要的器官,邪气侵犯,所以才会这样;这是病,并不是梦。至于梦到树木支撑天空,梦见河中没有水,那么吉凶与此相对应;梦见牛尾,梦见芭蕉叶覆盖下的鹿,则得失与此相对应;这些都是梦,不是病。

　　心斋先生写的《幽梦影》,不是病也不是梦,是影。影是指什么呢?石头撞击时火花闪烁的一敲,闪电光影转瞬即逝间的一瞥,这就是苏东坡所说的"一转头的时间里生老病死,一刹那的时间中蕴藏过去、现在、将来"。过去有人说"小小一粒芥菜籽中具备偌大须弥山",心斋先生的文章则是瞬间备具过去和现在。这是因为他身体和心境都很闲适,所以写的文章才能如此悠闲适意。心斋先生哪里是长于勘察梦境的人!然而这是不可以向愚蠢的人说的。

　　寓东淘江之兰跋

跋 三

　　昔人著书,间附评语。若以评语参错书中,则《幽梦影》创格也①。清言隽旨,前於后喁,令读者如入真长座中②,与诸客周旋,聆其馨欬③,不禁色舞眉飞,洵翰墨中奇观也。书名说"梦"、说"影",盖取"六如"之义④。饶广长舌,散天女花⑤,心灯意蕊⑥,一印印空,可以悟矣!

　　乙未夏日震泽杨复吉识⑦

【注释】

① 创格:新的风格或法式。

② 真长:刘惔,东晋沛国相人,字真长。明帝婿。少有名,擅长清谈,司马昱为相,与王濛并为谈客。历司徒左长史、侍中、丹阳尹。性简贵,好老庄,放任自适,有知人之明。年三十六卒,孙绰诔之说"居官无官官之事,处事无事事之心",时人以为名言。

③ 馨欬:指言语隽永可赏。欬,同"咳"。

④ 六如:也称六喻。佛教以梦、幻、泡、影、露、电,喻世事之空幻无常。

⑤ 散天女花:佛教故事,天女散花以试菩萨和声闻弟子的道行,花至菩萨身上即落去,至弟子身上便不落。出自《维摩经·观

众生品》:"时维摩诘室有一天女,见诸大人闻所说说法,便现其身,即以天华散诸菩萨、大弟子上,华至诸菩萨即皆堕落,至大弟子便著不堕。一切弟子神力去华,不能令去。"

⑥ 心灯:佛教语,即心灵,意思是神思明亮如灯。意蕊:指心意,比喻其纠结如花蕊。出自南朝梁简文帝《与广信侯书》:"岂止心灯夜炳,亦乃意蕊晨飞。"

⑦ 乙未:此处指乾隆四十年(1775)。杨复吉:字列侯,一字列欧,号慧楼,清代江苏震泽人。乾隆三十七年(1772)进士。曾从王鸣盛学,有文名。家有藏书楼名香月楼,藏书甚富,每日著述读书其中,辑有《辽史拾遗补》、《元文选》、《昭代丛书续集》、《元秕类钞》、《虞初余志》、《燕窝谱》等。著有《梦兰琐笔》、《慧楼诗文集》等。

【译文】

过去的人写书,往往会附有评语。像这样将评语错落夹杂在书中,则是《幽梦影》首创的形式。清雅隽永的言辞,前后应和,令读者好像加入到了刘真长座次中,与座中诸人交往应酬,亲耳聆听隽永的言语,禁不住眉飞色舞,确实是文学作品中的奇观。书名中说"梦",说"影",大概是取佛教六喻之义。书中现饶广长舌相,分散天女之花,神思明亮如灯,心意纠结如花蕊,印证空无,可以悟道了!

乙未夏日震泽杨复吉识